超超临界锅炉用 P92 钢的组织性能及应用

赵勇桃　著

U0314851

北　京

冶金工业出版社

2015

内 容 提 要

本书共分 7 章，以目前应用较广的超超临界锅炉用 P92 钢为研究对象，系统介绍了 P92 钢的动力学图、焊接成型工艺、焊接接头组织及性能、高温力学性能、高温抗氧化性能、高温耐腐蚀性能，并结合 P92 钢的实际生产工艺，对其不同热处理状态下的组织及性能特点进行了研究。

本书可供从事锅炉生产及工作的相关技术人员阅读，也可供材料科学与工程相关研究领域的科研人员、技术人员参考。

图书在版编目(CIP)数据

超超临界锅炉用 P92 钢的组织性能及应用/赵勇桃著 . —北京：冶金工业出版社，2015. 3
　　ISBN 978-7-5024-6905-4

Ⅰ. ①超… Ⅱ. ①赵… Ⅲ. ①超临界压力锅炉—耐热钢—研究 Ⅳ. ①TK229. 2

中国版本图书馆 CIP 数据核字(2015)第 077556 号

出 版 人　谭学余
地　　址　北京市东城区嵩祝院北巷 39 号　邮编　100009　电话　(010)64027926
网　　址　www.cnmip.com.cn　电子信箱　yjcbs@cnmip.com.cn
责任编辑　李　臻　于昕蕾　美术编辑　吕欣童　版式设计　孙跃红
责任校对　王永欣　责任印制　牛晓波
ISBN 978-7-5024-6905-4
冶金工业出版社出版发行；各地新华书店经销；三河市双峰印刷装订有限公司印刷
2015 年 3 月第 1 版，2015 年 3 月第 1 次印刷
169mm×239mm；11. 25 印张；219 千字；168 页
39. 00 元
冶金工业出版社　投稿电话　(010)64027932　投稿信箱　tougao@cnmip.com.cn
冶金工业出版社营销中心　电话　(010)64044283　传真　(010)64027893
冶金书店　地址　北京市东四西大街 46 号(100010)　电话　(010)65289081(兼传真)
冶金工业出版社天猫旗舰店　yjgycbs.tmall.com
(本书如有印装质量问题，本社营销中心负责退换)

序

"以煤炭为主体，电力为中心"是我国未来能源发展的一个战略目标。为了提高电厂发电效率，超超临界 P92 钢常常被应用在较高运行参数机组的再热器、过热蒸汽及主蒸汽管道中。对超超临界材料的研究，不仅仅是集中在要提高蒸汽温度和压力参数，还要在材料的其他性能如高温耐蚀性、高温抗氧化性、热加工工艺性等方面提出更高、更新的要求。本著作对超超临界锅炉用 P92 钢的焊接性、高温性能等进行了系统研究，对于延长 P92 钢的实际使用寿命，从而进一步提升发电机组的发电效率奠定了理论基础。

赵勇桃副教授长期以来一直从事金属材料领域的教学与科研工作，致力于对金属材料组织性能控制及热加工工艺的研究。她结合自己近年来的科学研究及实践，撰写了多篇关于 P92 钢的焊接、高温组织与力学性能、高温抗氧化性等方面的学术论文，在国内外专业刊物上发表，并在此基础上，经过系统总结、逐步修改与完善，编写了本书。全书层次分明，语句流畅，条理清楚，行文衔接紧密。该著作以超超临界 P92 钢为研究对象，采用热模拟法，通过对不同冷却速度下的组织、临界点进行分析，得出其焊接 CCT 图；借助焊接 CCT 图，制订合适的焊接工艺对 P92 钢实施焊接，并研究了 P92 钢焊接接头的组织及性能；借助高温拉伸试验，通过对不同拉伸温度下的组织观察及性能测定，确定了 P92 钢的高温断裂机制及高温力学性能指标；通过 P92 钢的高温抗氧化、热腐蚀试验，得出不同工艺条件对 P92 钢的抗氧化性及热腐蚀性的影响规律，并提出了提高抗氧化性、热腐蚀性的有效途径；通过考查不同热处理条件下 P92 钢的组织结构和性能，一方面，确定了不同热处理条件对 P92 钢组织性能的影响规律；另一方面，分析了高温长期工作时材料内部的显微组织变化规律。在本书中，赵勇桃副教授结合 P92 钢的实际服役环境，有针对性地展开系统研究，提出了一些新的观点及方法，丰富和完善了超超临界锅炉用 P92 钢的基本理论，这不仅可以为 P92 钢的生产加工提供数据支持，而且可以为实际工作中 P92 钢使用寿命的延长提供基础信息和理论依据。

相信本书的出版对从事锅炉生产及工作的技术人员及材料科学与工程相关研究领域的工作者具有一定的指导意义及参考价值。

内蒙古工业大学教授，博士生导师

2015 年 1 月于呼和浩特

前　言

我国一次能源结构具有以煤为主的显著特征，由此决定了我国电力结构以燃煤发电为主的特点。从今后发展来看，在以煤为主的一次能源结构不发生大的变化的前提下，电力结构中火电机组仍将在相当长的时期内占据主导地位。提高发电效率、减少污染、节约资源是我国火电机组的发展方向。

超超临界火电机组具有煤耗低、污染排放物少的节能减排效益，是提高火电机组技术水平，实现火电机组技术优化升级有效而现实的措施，也是火力发电机组发展的必然趋势。超超临界P92钢属于含9%Cr的铁素体钢，铁素体不锈钢具有的特点是成本低廉、性能优良。P92钢相对于其他铁素体合金钢具有更强的高温强度和抗蠕变性能。是设计与制造蒸汽轮机的首选结构材料。

超超临界P92钢在使用过程中，随着环境条件的变化，性能会出现恶化，如焊接时焊接接头韧性低，630℃温度以上抗氧化性下降，在650℃温度下长时间服役强化作用降低等。因此，系统地研究P92钢在不同工艺条件下的组织、性能及其变化规律，不仅可以优化P92钢的生产成型工艺，提高P92钢的使用性能，进而延长机组的使用寿命；而且可以为进一步提高发电机组的发电效率，创造更大的社会效益提供数据支持。

目前，国内外对P92钢的相关研究多集中在蠕变、疲劳性能等方面，对P92钢的动力学图、高温力学性能变化机理、高温抗氧化性等缺乏系统的研究。本书针对这些难点展开研究，其研究成果是在"内蒙古自治区高等学校科学研究项目（NJZY13137）"的资助下完成的，此研究成果为实际生产中P92钢的研发奠定了坚实的基础。

　　本书是在作者多年研究 P92 钢的生产工艺、焊接成型、高温性能等所取得成果的基础上，吸收了世界上其他科学家的成果撰写而成的。本书共 7 章，全书由内蒙古科技大学刘宗昌教授主审，在书稿整理过程中，内蒙古科技大学的研究生张韶慧、丁叶、梁子潇、刘野参加了编辑、整理和校对工作，在此表示衷心的感谢！

　　在撰写本书过程中，参考了许多相关著作和论文，在此谨向这些著作和论文的作者表示诚挚的谢意。

　　由于作者水平有限，书中难免有不足及疏漏之处，敬请同行和读者批评指正。

作　者

2015 年 1 月于内蒙古科技大学

目　录

1 热电锅炉用钢的概况

1.1 热电锅炉用钢的研究概况

在跨入 21 世纪之际，一方面，由于人口增长和经济发展，能源需求不断增加；另一方面，人类活动造成的环境污染日益严重，影响了人类的生存和发展，人类面临着实现经济和社会可持续发展的重大挑战。节约一次能源，加强环境保护，减少有害气体的排放，降低地球的温室效应，已越来越受到国内外的高度重视[1,2]。为此，要保证整个国民经济和社会的可持续发展，必须解决好发展与节约资源、减少环境污染的矛盾。

电力工业是国民经济可持续发展的先行工业。自 1949 年新中国成立以来的半个多世纪里，我国的电力工业从小到大，至 2002 年我国的电力装机容量和发电量都跃居世界第二位，但人均能源水平落后，仅相当于世界平均值的 70% 左右。提高蒸汽参数与发展大容量机组相结合是提高常规火电厂效率，降低单位容量造价和节能环保最有效的途径。国际能源界普遍认为提高蒸汽参数的超临界燃煤火力发电将是今后世界能源工业的主要发展方向之一。超临界与超超临界机组具有明显的高效、节能和减排的优势，被全世界工业化国家广泛采用[3]。其可用率、可靠性、运行灵活性和机组的寿命等方面已经可以和亚临界机组相媲美。多年来，电力行业不断通过提高蒸汽温度和压力来进一步提高热效率，这势必导致用传统材料制造的主蒸汽管线、集箱等主要部件管道壁厚的增加。但管道壁厚的增加不仅给焊接、弯管制作及热处理等带来困难，而且限制了运行期间生产操作的灵活性，如对开车、停车过程中最大温度梯度的限定要求更加严格。但是如果不增加管道的壁厚，就要求所选用的管材有更高的蠕变强度、抗氧化性和加工工艺性能等。因此，在过去的 20 多年中，欧洲、美国和日本等先后开展了旨在提高电厂热效率的研究计划，开发了多种新型耐热材料，以满足电厂提高运行温度和压力的需要。在耐热钢的研制与应用方面，美、欧、日一直处于领先地位。近期锅炉、汽轮机组管子用耐热钢的发展与研究表明，世界各国均将主攻方向集中在亚临界、超临界锅炉用的多组元合金化的不锈钢上面。

1.2　热电锅炉用钢的发展

1.2.1　国外发展历程

就目前世界各国的发展情况看，锅炉和管道用钢的发展可以分为两个方向[4]：一是铁素体耐热钢的发展；另一个是奥氏体耐热钢的发展。所谓珠光体、贝氏体、马氏体耐热钢，按国际惯例，统称为铁素体耐热钢。

1.2.1.1　铁素体耐热钢

铁素体耐热钢的发展可以分为两条主线，一是逐渐提高主要耐热合金元素 Cr 的成分，从 2.25% Cr 提高到 12% Cr；二是通过添加 V、Nb、Mo、W、Co 等元素，使钢的 600℃、10^5h 蠕变断裂强度由 35MPa 逐步提高到 60MPa、100MPa、140MPa、180MPa。

（1）低合金耐热钢的开发。20 世纪 50 年代，电站锅炉钢管大多采用含 Cr 不高于 3%，含 Mo 不高于 1% 的铁素体耐热钢。当时，在壁温超过 580℃ 时，一般都需要使用奥氏体耐热钢 TP304H、TP347H（不高于 700℃），然而由于其价格昂贵、热导率低、线膨胀系数大及存在应力腐蚀裂纹倾向等缺点，不可能被大量采用。故世界各国从 20 世纪 60 年代初开始，进行了长达 30 多年的试验研究，来开发适用温度为 580～650℃ 范围内的锅炉用耐热钢。

（2）EM12 钢的开发。20 世纪 50 年代末，比利时 Liege 冶金研究中心研究了"超级 9Cr"钢，其化学成分为 9Cr－2Mo，并添加了 Nb、V 等合金元素，材料牌号为 EM12，即法国瓦鲁瑞克公司生产出的 EM12 过热器管。1964 年，法国电力公司批准 EM12 钢管可用于制造 620℃ 的过热器和再热器，代替过去使用的不锈钢管。但是，由于该钢种是二元结构，冲击韧性差，后来未得到广泛应用。

（3）钢 102 的开发。20 世纪 60 年代初，中国按前苏联的耐热钢系列研究出了钢 102（12Cr2MoWVTiB），是一种低合金贝氏体型耐热钢，主要采用钨钼复合固溶强化，钒钛复合弥散强化和微量硼的硬化，推荐使用温度为 620℃。长期使用经验证明，在低于 600℃ 的工况下该钢具有优良的综合力学性能、抗氧化性能及组织稳定性，因此其使用温度以低于 600℃ 为宜。主要用于壁温不高于 600℃ 的过热器、再热器管。

（4）T23（HCM2S）、T24 钢的开发。HCM2S 是在 T22（2.25Cr－1Mo）钢的基础上，吸收了钢 102 的优点而改进得到的。在 600℃ 时的强度比 T22 高 93%，与钢 102 相当。但由于 C 含量降低，加工性能和焊接性能优于钢 102，在一些情况下可以焊前不预热；当壁厚不大于 8mm 时，焊后可不进行热处理。该钢已获得 ASME 锅炉压力容器规范 CASE2199 认可，被命名为 SA213－T23。T24（7CrMoVTiB10－10）钢是在 T22 钢基础上进行改进的，与 T22 钢的化学成分相比，增加了 V、Ti、B 含量，减少了 C 含量，因此降低了焊接热影响区的硬度，提高了蠕变断裂强度。在一些情况下，T24 也可以焊前不预热，当壁厚不大于 8mm 时，焊后可不进行热处理。T23、T24 钢是超临界、超超临界锅炉水冷壁的最佳选择材料，并可应用于壁温不高于 600℃ 的过热器、再热器管。

（5）F11、F12 钢的开发。20 世纪 60 年代末，德国研究开发 12Cr 钢、F12（X20CrMoV121）钢和 F11（X20CrMoWV121）钢。该钢于 1979 年正式纳入 DIN17175 标准，主要用于壁温达到 610℃ 的过热器、壁温达 650℃ 的再热器以及壁温为 540～560℃ 的联箱和蒸汽管道，但其含碳量高，焊接性差。

（6）典型的新型铁素体耐热钢 T91/P91 钢的开发。美国能源部委托橡树岭国家实验室（ORNL）与燃烧工程公司（CE）联合研究用于快速中子增殖反应堆计划的钢材，开始改进原有的 9Cr1Mo 钢，以研究开发一种新的 9Cr－1Mo 钢，要求这种新钢种综合早期 9Cr 和 12Cr 钢的性能，并具有良好的焊接性。到 1980 年，测试了超过一百种成分的试验样品，最后确定为改良型 9Cr－1Mo 钢，即 T91/P91 钢。经试验，该钢在 593℃、10^5h 条件下的持久强度达到 100MPa，韧性也较好。从技术和经济角度分析，这种钢与 EM12 相比，Mo 含量减少一半，Nb、V 含量也低。1982 年，橡树岭国家实验室进行了对比试验，发现这种改进的 9Cr－1Mo 钢优于 EM12 和 F12。1983 年，美国 ASME 认可了这种钢，称为 T91/P91，即 SA213－T91/SA335－P91。1987 年法国瓦鲁瑞克公司针对 T91 与 F12 和 EM12 的评估技术报告，认为 T91/P91 有明显优点，强调要从 EM12 转为使用 T91/P91。20 世纪 80 年代末，德国也从 F12 转向 T91、P91。T91 钢可用于壁温不高于 600℃ 的过热器、再热器管；P91 钢可用于壁温不高于 600℃ 的联箱和蒸汽管道。

（7）T92/P92、T122/P122 钢的开发。20 世纪 90 年代初，日本在大量推广 T91/P91 钢的应用的基础上，发现当使用温度超过 600℃ 时，T91/P91 已不能满足长期安全运行的要求。在调峰任务重的机组，管材的疲劳失效也是个大问题。于是日本继续在开发新的大机组锅炉用钢方面做了大量的试验研究工作，目前已生产得到 ASME 标准认可的有 SA213－T92（NF616）/SA335－P92（NF616）、SA213－T122（HCM12A）/SA335－P122（HCM12A），NF616（T92/P92）钢是在 T91/P91 钢的基础上再加 1.5%～2.0% 的 W，降低了 Mo 含量，增强了固溶强化效果。在 600℃ 下的许用应力比 T91 高 34%，达到 TP347 的水平，是可以替代奥氏体钢的候选材料之一。NF616 在 600℃、10^5h 下的持久强度可达 130MPa。T122/P122（HCM12A）是改进的 12Cr 钢，添加了 2% W、0.07% Nb 和 1% Cu，固溶强化和析出强化的效果都有很大增加，600℃ 和 650℃ 的许用应力分别比 X20CrMoV121 提高 113% 和 168%，具有更高的热强性和耐蚀性，比已广泛使用的 F12 钢的焊接性和高温强度有进一步改善，尤其是由于含 C 量的减少，焊接冷裂敏感性有了改善。

1.2.1.2　奥氏体钢

主要包括以下品种：

（1）新型细晶奥氏体耐热钢 Super304H 的开发。Super304H 是 TP304H 的改进型，添加了 3% Cu 和 0.4% Nb，从而获得了极高的蠕变断裂强度，在 600 ~ 650℃下的许用应力比 TP304H 高 30%，这一高强度是因为在奥氏体基体中同时产生了（Nb、Cr）N、Nb（N、C）、$M_{23}C_6$ 和细的富铜相沉淀强化。运行 2.5 年后的性能试验表明，该钢的组织和力学性能稳定，而且价格便宜，是超超临界锅炉过热器、再热器的首选材料。

（2）TP347HFG 的开发。TP347HFG 钢是通过特定的热加工和热处理工艺得到的细晶奥氏体耐热钢。虽然 TP347H 钢经高温下正常化固溶处理，其许用应力在 18Cr - 8Ni 钢中最高，然而高的固溶温度使这种钢产生粗晶粒结构，导致蒸汽侧抗蒸汽氧化能力降低。现已开发出一种既可以采用较低的固溶处理温度，使钢具有较细的晶粒，又具有较高蠕变强度的 TP347HFG 钢管。它不但有极好的抗蒸汽氧化性能，而且比 TP347H 粗晶钢的许用应力高 20% 以上。TP347HFG 钢的应用对降低蒸汽侧氧化是一个有前途的对策，已被广泛应用于超超临界机组锅炉过热器、再热器管。

（3）HR3C（TP310NbN）钢的开发。HR3C 是日本住友金属命名的钢牌号，在日本 JIS 标准中的材料牌号为 SUS310JITB，在 ASME 标准中的材料牌号为 TP310NbN。HR3C 钢是 TP310 耐热钢的改良钢种，通过添加元素铌（Nb）和氮（N），它的蠕变断裂强度提高到 181MPa。正是由于该钢种的综合性能较 TP300 系列奥氏体钢种的 TP304H、TP321H、TP347H 和 TP316H 中的任何一种都更为优良，所以在 TP347H 耐热钢乃至新型奥氏体耐热钢 Super304H 和 TP347HFG 钢不能满足向火侧抗烟气腐蚀和内壁抗蒸汽氧化的工况下，应选用 HR3C 耐热钢。

除前述的新型钢管外，国际上正流行的锅炉钢管材料还有珠光体 - 铁素体型的 T2、T9、T21、T22（10CrMo、12Cr2Mo）、T91（10Cr9Mo1VNb）、T92（NF616）和 18Cr - 2Mo 等，奥氏体型的 TP304、TP321、P347、TP347H（1Cr19Ni11Nb）等。

1.2.2　国内发展历程

截至目前，我国火力发电站用材料经过仿制前苏联（东欧）、自我创新以及消化引进技术并国产化的三个阶段总共约 40 余年的发展，国内常用的高压锅炉钢管[5]有 14 种：20G、20MnG、25MnG、15MoG、20MoG、12CrMoG、15CrMoG、12Cr2MoG、12Cr1MoVG、12Cr2MoWVTiB、12Cr3MoVSiTiB、10Cr9Mo1VNb、1Cr19Ni9 和 1Cr19Ni1VNb 等。这类钢的共同特点是含碳量较低，多在 0.025% 以下。

1.3 超临界锅炉用耐热钢的特点

近几十年来，随着机组发电效率要求的不断提高，以及其他高温高压技术的发展，对火电厂的蒸汽涡轮、蒸汽锅炉等机械零部件的要求越来越高。为适应零部件高温高压的要求，故而出现了超临界或超超临界用钢，通常把电站锅炉主蒸汽压力在28MPa以上或主蒸汽、再热蒸汽温度在580℃以上的机组定义为超超临界机组（Ultra Super – critical Unit，USC）。建设超超临界机组较亚临界机组（主蒸汽压力在22MPa以下或主蒸汽、再热蒸汽温度在560℃以下）的单机供电煤耗约低20%以上，电厂净效率至少要高1.6%以上[6]。因此，国际上用于超超临界电站锅炉材料的开发趋于成熟，近10年来，超超临界机组已经成为我国大容量火力发电厂建设的主要选型，目前国内已经投运的约为1000MW，在建的容量也超过1050MW。

锅炉在工作过程中，要承受各种载荷，如拉伸、弯曲、扭转、疲劳和冲击等，多以复合形式出现。此外，它们还与高温蒸汽、空气或燃气接触，表面发生高温氧化或气体腐蚀、混合盐腐蚀。在高温下工作，钢和合金将发生原子扩散过程，并引起组织转变，这是与低温工作部件的根本不同点。因此，高温下工作的零部件通常要求在高温下能承受一定应力并具有抗氧化或抗腐蚀能力。

1.3.1 耐热钢的性能要求

耐热钢在450℃以上工作，并且承受静载、疲劳或冲击的作用。钢件与高温气相接触，表面要发生高温氧化或腐蚀破坏。如果在高温下给钢件加一比该温度下屈服极限还低的恒定应力，那么在温度和载荷的长时间作用下，钢将以一定的速度产生塑性变形，这一现象称为蠕变，蠕变最终也能导致钢件的断裂。根据电厂机组材料的使用环境条件，耐热钢应满足以下性能：

（1）对具体使用环境，应该具有尽可能高的化学稳定性。这里"化学稳定性"的含义首先是针对高温介质而言的，要有尽可能高的耐蚀性。其次，钢在高温下与氧发生化学反应，560℃时，Fe_2O_3和Fe_3O_4下面形成FeO层。FeO点阵结构简单，属于缺位固溶体，点阵中有空隙，铁离子易通过FeO层进行扩散，因此加剧铁的氧化，从而要求耐热钢在高温下要有一定的抗氧化性。

（2）良好的力学性能。耐热钢不仅要在高温介质中耐腐蚀，还要承受各种载荷，如拉伸、扭转、疲劳和冲击等。承受或传递载荷，需要有较好的力学性能。同时，力学性能好还可减轻结构质量，节约成本。

（3）高的热强性。钢在温度和应力的作用下，将会产生一定的蠕变变形，甚至产生断裂。因此在高温和载荷长时间作用下，要求耐热钢要有高的抵抗蠕变和断裂的能力，即良好的热强性。

（4）具有良好的抗高温疲劳性能。高温疲劳通常包括两个内容：一是在高温下承受机械应力引起的疲劳破坏。这种疲劳与室温疲劳相比，主要的不同是工作温度提高了，一般把这种疲劳称为高温机械疲劳或简称为高温疲劳。二是由温度循环变化所引起的交变热应力造成的疲劳，称为热疲劳。材料在机械应力和热应力的循环作用下，将产生疲劳破坏。因此，要求耐热钢有好的抗高温疲劳特性。

（5）良好的工艺性。应用在高温环境中的耐热钢材料，有板、棒、型材等各种类型，需要有很好的冷、热加工成型性；许多构件还要经过切削加工，故要求有好的切削加工性能；同时，大量耐热钢构件要经过焊接连接成焊接结构件，因此要求这类钢要有良好的焊接性能。

（6）低成本。降低成本，满足性能要求是开发材料的目标。因此耐热钢中要尽可能使用价格较低廉、资源较丰富的元素，且生产成本要低。

1.3.2 耐热钢的合金化

为了满足耐热钢的性能要求，机组用耐热钢中常常含有的元素有：铬、钼、钨、钒、铌、铝、硅、镍、钛等，这些元素在耐热钢中的作用简要介绍如下[7]：

（1）碳。碳能强化钢，在较低温度下工作，钢的蠕变主要以滑移为主，碳起积极作用；在高温时，钢的蠕变以扩散塑性变形为主，而碳促进了铁原子的自扩散，碳起不利作用。而且在高温下形成的碳化物容易聚集长大，碳含量高的耐热钢容易产生石墨化倾向，降低钢的热强性。同时，碳含量高会降低钢的工艺性能，碳在抗氧化钢中的作用视存在形式而定，当溶于金属基体形成固溶体时，对钢的抗氧化性能影响不大；当它以化合物形式析出时，则析出物会妨碍表面氧化膜的连续性，同时会降低抗氧化元素铬的含量，从而降低抗氧化性，所以耐热钢中要尽量地降低碳元素含量。

（2）铬。铬是提高耐热钢抗氧化性、耐蚀性的主要元素。能形成附着性很强的致密稳定的氧化物 Cr_2O_3，提高基体的电极电位，从而使钢的抗氧化性、耐腐蚀性增强。随着使用温度的升高，所需的 Cr 也增加。铬也能固溶强化，增强基体原子间的结合强度，提高钢的持久强度和蠕变极限。同时，铬可以提高 FeO 生成的温度，改善钢的高温化学稳定性。

（3）钼。钼是提高低合金耐热钢热强性的主要元素，溶入基体起固溶强化作用。提高钢的再结晶温度，也能析出稳定相，提高热强性。钼形成的氧化物，熔点只有 795℃，使钢的抗氧化性变坏。合金元素钨与钼的作用相似。

（4）铝。铝是提高抗氧化性的主要元素。可以提高 FeO 生成的温度，改善钢的高温化学稳定性。但铝使钢变脆，恶化工艺性能，Al 不能单独加入，也不能大量加入，主要作为辅助合金元素加入。Al_2O_3 氧化膜的热稳定性要高于 Cr_2O_3 氧化膜的热稳定性，Cr_2O_3 与 Al_2O_3 的复合氧化膜能大大提高合金的高温抗氧化能力。

（5）硅。硅是提高抗氧化性的元素。可用 Si 代替部分 Cr，Si 不能提高钢的热强性。同时，Si 由于会增加钢的脆性，加入量受到限制，一般 Si 含量在 2% ~3%。

（6）镍。镍主要是为了改善钢的工艺性能，获得奥氏体组织而加入，对抗氧化性能影响不大。镍不能提高铁素体的蠕变抗力，所以珠光体耐热钢和马氏体耐热钢中很少用。镍有一定的抗腐蚀能力，其化学性质不活泼，不易被氧化，特别是它与硫和氯离子都不易结合，使合金具有较高的组织稳定性，这也是镍基高温合金广泛应用的原因。

（7）锰。锰对钢的抗氧化性影响较弱，锰能扩大 FeO 的生成温度范围，略降低抗氧化性。加入锰主要是为了获得工艺性能良好的奥氏体，可以部分代替镍，是奥氏体耐热钢的常用元素。

（8）钛、铌、钒。这些元素能形成稳定的碳化物，提高钢的松弛稳定性，也提高热强性。当钢中含有 Mo、Cr 等元素时，能促进这些元素进入固溶体，提高高温强度。钒由于其氧化物熔点较低，易挥发，使抗氧化性变坏。

（9）硼。当钛含量较高时，易产生缺口敏感性，除需加入钼来改善外，还需加入钒和硼才能消除。硼还能产生晶界强化并提高持久塑性。合适的硼含量为 0.001% ~0.010%。

（10）稀土。少量稀土金属能够提高耐热钢和耐热合金的抗氧化能力，例如，在钢和耐热合金中加入少量的铱、铈等稀土元素都能显著地提高抗氧化性能，这主要是因为稀土氧化物除了能改善氧化膜的抗氧化性能外，还能改善氧化膜与金属表面的结合力，甚至可以改善氧化膜的生长驱动力。

1.3.3 热电锅炉用耐热钢的研制开发

自 20 世纪 80 年代现代超超临界火力发电机组问世以来，超超临界设备已在日本、德国、丹麦等国家大批投产使用。随着人类向 21 世纪的迈进，节能和环保已经成为现代工业发展的两大主题。随着电力工业的迅速发展，提高锅炉蒸汽的温度和压力成为提高运行效率、降低发电成本、缓解环境压力的必由之路。

超临界、超超临界机组成为火电发展的趋势，而新材料的开发和应用为机组向高参数发展提供了有力保障[8]。改良的 9% ~12% Cr 型铁素体钢因其热强性较高、成本较低、工艺和使用性能良好等诸多优点在超临界、超超临界火电机组中得到了广泛应用[9]。这就使得新型高 Cr 钢的研发成为发展超超临界机组的关键环节。超超临界机组用 P92 钢的性能研究、与电站相关的焊接、热成型、热处理工艺等研究成为近年来业内人士普遍关注的焦点。

在过去的二三十年中，美国、日本、欧洲投入了大量人力物力用于 9% ~ 12% Cr 钢的研发，应用较为广泛的有美国橡树岭国家研究所研发的 T91（小径管）/P91（大径管）钢，日本新日铁公司研发的 T92/P92 钢和欧洲 COST501 项目研制的 E911 钢等。目前作为 9% ~ 12% Cr 铁素体耐热钢的代表钢种，P92 钢凭借优异的综合性能逐渐成为超高参数超超临界机组的理想用钢。近年来在电站锅炉制造中得到了越来越多的应用。P92 除具有与 P91 相同的性能外，其许用应力在 650℃ 时约为 P91 的 1.2 倍以上。P92 钢管的最高使用温度较 P91 更高，可用于代替 P91 制造大型电站锅炉金属壁温要求更高的集箱及蒸汽管道等受压部件[10]。P92 高温服役用钢在电站建设中发挥着重要作用。电厂机组运行参数（温度、压力）和单机容量的增加，促进了 P92 钢的开发。

从目前世界各国高蒸汽参数发电机组的发展来看，电站锅炉耐热钢在研究开发利用方面的方向和趋势如下：

（1）利用多元复合强化的原理发展一种低铬、蠕变强度高、可焊性好、成本低的耐热钢来制作 600℃ 以下大型发电机组的厚壁件和热交换管件，如日本研制的 HCM2S。

（2）重点发展高铬（9% ~ 12% Cr）多元复合强化耐热钢，主要采用加 W、减 Mo 和以 W 代 Mo 的合金添加原则，如 P92 钢的研制开发。

（3）将 T91/P91 作为最有前途用于高温的商业化材料，并部分替代奥氏体不锈钢。

（4）发展蠕变强度高于 T91/P91 的铁素体钢制作大型厚壁的非热交换件以替代奥氏体不锈钢，只有在考虑抗腐蚀和可加工性时才考虑用奥氏体不锈钢制作厚壁件。

（5）对铁素体钢以提高材料的蠕变断裂强度为主，对奥氏体钢以降低成本、提高抗蒸汽氧化和热腐蚀能力为主，如基于 TP304H 开发的 Super304H。

（6）改进型的 9% ~ 12% Cr 铁素体钢在抗氧化和热腐蚀能力方面始终不及奥氏体钢，因此，铁素体和奥氏体钢的异种钢焊接问题依然是今后的研究重点。

（7）发展 20% Cr 和 25% Cr 以上的高 Cr、Ni 合金来制造技术先进的燃煤电厂的薄壁热交换管子。因为蒸汽温度为 600℃/650℃ 时，受热面烟气侧壁温可高达 700℃/750℃，烟气侧在该温度下达到最大熔盐腐蚀速率，此时 TP300 系列不锈钢的抗腐蚀能力不足。

1.4　超超临界 P92 钢的概述

P92 钢以其优异的蠕变性能和高温强度而广泛应用于超临界机组的蒸汽管

道。在同样的工作环境下，P92 钢能够减少管道系统和锅炉的质量，降低膨胀力，提高管道系统柔度，降低支吊架载荷，减少端点力矩和推力，可以有效地降低成本。

1.4.1 P92 钢的化学成分

P92 钢是日本新日铁在 P91 钢基础上，采用复合 – 多元强化手段制得的，P92 钢有时也称作是 0Cr9MoW2VNbBN。其特点是含碳量低，P、S 的含量低；是在 P91 钢的基础上适当降低 Mo 含量至 0.30% ~ 0.60%，加入 1.50% ~ 2.00% 的 W，并形成以 W 为主的 W – Mo 复合固溶强化；加入 N 形成间隙固溶强化；加入 V、Nb 和 C、N 形成碳氮化物弥散沉淀强化，从而提高 T92/P92 合金的高温蠕变强度；以及加入微量的 B（0.001% ~ 0.006%），易在晶界富集形成 B 的晶界强化[11]。试验用 P92 钢的化学成分见表 1 – 1。

表 1 – 1　试验材料的化学成分　　　　　　　（%）

元　素	C	Mn	Si	Cr	W	Mo	V	Nb	N	B	Al	Ni
质量分数	0.11	0.45	0.35	9.12	1.72	0.45	0.20	0.06	0.05	0.003	0.02	0.25

P92 钢中含有锰、铬、钼、铝、铌多种合金元素，属于多元强化铁素体钢。P92 钢在 580 ~ 620℃ 温度范围内具有良好的抗蠕变性能和较高的持久强度，它的抗腐蚀性和抗氧化性能等同于其他含 9% Cr 的铁素体钢，抗热疲劳性能优于奥氏体不锈钢。合金元素对 P92 钢组织性能的作用主要有以下几点：

（1）Cr 的作用。在高 Cr 钢中，Cr 的作用主要有三：一是提高钢的抗氧化性和耐腐蚀性能；二是固溶于基体中起固溶强化作用；三是形成 M_7C_3 和 $M_{23}C_6$ 起沉淀强化作用。同时 Cr 的存在强化了 M_3C，但 Cr 含量的增加也减少了 V_4C_3 的析出，加速了 $M_7C_3 \rightarrow M_{23}C_6$ 的转化。此外，在含 Mo 钢中，加入 Cr 能改变 Mo 在碳化物和固溶体之间的分配，当加入的 Cr 不足以形成渗碳体以外的其他碳化物时，Cr 能使 Mo 从渗碳体中被排除，溶入基体；当加入的 Cr 已可形成渗碳体以外的其他类型碳化物时，将引起 Mo 碳化物减少，也同样使 Mo 溶入基体中。

（2）Mo 的作用。Mo 可以使钢的高温强度提高，随 Mo 含量的增加（Mo 含量不能超过 1.0%），在温度不超过 650℃ 时，以及 650℃ 左右短期内蠕变强度增加，室温韧性增加。Mo 在高温回火时，能形成 M_2C 和 M_6C 两种亚稳定碳化物。随 Mo 含量增加，沉淀硬化相 M_2C、M_6C 增加，因 Fe 与 Mo 体积比差大，使位错密度增加，固溶强化也增加。当 Mo 含量较低时（$x(Mo) : x(C) < 0.5$），含 Mo 钢长期使用（如 650℃ 时效），M_2C、M_6C 会消失，而析出球状及盘状的 Laves 相 Fe_2Mo，同时也会生成含 V 的 Laves 相，构成长期使用中热强钢的主要强化相。所以，在 650℃ 以下，增加 Mo 含量（小于 1.0%）对长期蠕变强度很有益。但

是当温度高于 650℃ 时，长期使用，随 Mo、V 含量增加，M_6C、M_2C 粗化、消失，Laves 相也由共格盘状向半共格或非共格球状过渡，降低蠕变强度。

此外，Mo 还可以提高韧性，也能有效地降低脆性转变温度，其原因是 Mo 能降低 P 在 α 铁中的溶解度，抑制 Sb、Sn 引起的脆化。

（3）V 和 Nb 的作用。在高 Cr 热强钢中，V 固溶于马氏体中，使用过程中以 V_4C_3 形式析出并在马氏体中长大，阻止了晶粒在加热过程中的长大。当 $x(V)/x(C)$ 约为 4 时，持久强度最高，其原因也是 V_4C_3 大量沉淀于晶内，显著地提高了晶内强度，使晶内强度远大于晶界强度，但易形成晶界裂纹。少量 V 和 Mo 还能加速 Laves 相沉淀。V 还能加速钢中 $M_7C_3 \rightarrow M_{23}C_6$ 的转变，因为 V 和 C 形成 V_4C_3，减少了 C 的集中，加速了上述反应。但也有研究认为[12]，12% Cr 钢中，V 阻止了 $M_7C_3 \rightarrow M_{23}C_6$ 的转变，同时也阻止了 M_2C 的长大，提高了蠕变强度。

Nb 的作用同 V 类似，它的主要作用是在高 Cr 钢中易形成细小、弥散、稳定的 Nb(C, N)，使位错运动受阻，改善蠕变性能，但当 Nb(C, N) 聚集时，蠕变抗力下降十分快。也有人认为在 1150℃ 固溶处理的条件下，加入 0.2% V 在奥氏体中可以完全固溶，而加入 Nb 超过 0.04%，就会导致未溶的 NbC 存在，未溶的 VC 和 NbC 可以阻止晶粒长大。当同时加入 V 和 Nb 时，Nb 的作用比 V 大。Nb(C, N) 十分稳定，淬火时的残留第二相一般是 Nb(C, N)。

（4）N 的作用。600℃ 以下，随 N 含量增加，蠕变断裂强度增加。但在 650℃ 以上情况却相反。这主要是含 N 的沉淀物和基体结合力太强引起的。当 N 含量大于 0.04% 时，组织中有 $M_2X(Cr_2N)$，它是主要的二次硬化相之一，形态由针状、棒状到球状。有研究指出，细小、弥散的 Cr_2N 有助于蠕变断裂强度的提高。另外，在含 V 的钢中，随着 N 含量的增加，分布在 δ 铁素体与板条马氏体中的细小、弥散的 VN 数量增加。而 VN 在 600℃ 和 650℃ 长期蠕变测试中表现出良好的稳定性，这也有利于蠕变断裂强度的提高。但 N 含量的增加，对韧性将产生不利的影响，它使韧性下降。

（5）B 的作用。在耐热钢中加入微量 B，一般认为主要是起强化晶界作用，以此来提高钢的热强性，并用以改善持久塑性，减小了钢的蠕变脆性。由于 B 原子半径的特殊性，B 既可起置换固溶强化作用，又可起间隙固溶强化作用，同时 B 置换了 $M_{23}C_6$ 中的部分 C 而形成 $M_{23}(C, B)_6$，起沉淀强化作用。在高温下 $M_{23}(C, B)_6$ 比 $M_{23}C_6$ 细小，且 B 能促使 $M_7C_3 \rightarrow M_{23}C_6$。由于 B 在晶界上的偏聚，晶界附近的无沉淀区比不含 B 的钢少，形成的沉淀趋于强化晶界，阻止裂纹在晶界形成、扩展，大大提高蠕变强度。在 9% Cr 钢中添加 B，能使时效后出现的塑-脆转变温度提高的现象得到抑制。

（6）W 的作用。W 和 Mo 一样，也是能够显著提高耐热钢的持久强度和蠕变极限的合金元素。耐热钢中 W 和 Mo 复合加入对提高钢的热强性效果比单独加入等量的 W 或 Mo 要优越。试验证实了 W 的上述有益作用：在 9Cr – 1Mo – V – Nb 钢中添加 W，使该钢在高温下的长期蠕变断裂强度得到改善；这是由于 W 的添加抑制了 M_6C 的析出和碳化物的聚集；另外，加入 W 引起持久强度提高的原因（在 9% Cr 钢中）有两个：一是 W 使 Nb 进入 VN 中的分数增加，从而引起 VN 晶格膨胀，在 VN 周围产生共格应变，引起蠕变强度增加；二是 W 加入引起薄膜状 Laves 相沿晶界边析出，阻止蠕变试验过程中亚晶粒长大。

（7）C 的作用。锅炉过热器管道用钢，碳含量控制较低，约为 0.09% ~ 0.17%。管道用钢除了考虑热强性外，还需考虑到 C 含量对可焊性等工艺性能的影响，一般含 C 量过高，则使焊接性变差。另外，含 C 量较高的钢在高温长期应力作用下固溶体中合金元素的贫化过程和碳化物相显著聚集现象被加速，从而降低钢的热强性，增加钢的脆性。

1.4.2　P92 钢的生产工艺流程

国内生产的 P92 钢管，按照成型方式，有挤压成型与锻造成型两种，成型方式不同，前后工序稍有不同。锻造成型常用的生产工艺流程为：电弧炉冶炼 + LF 精炼 + VD 精炼 + 浇注 + 热送或冷送 + 锻造 + 退火 + 粗加工 + 热处理 + 精加工 + 磁粉、超声波、涡流探伤 + 尺寸检测。挤压成型常用的工艺流程为：电弧炉冶炼 + LF 精炼 + VD 精炼 + 浇注 + 热送或冷送 + 加热 + 制坯 + 缓冷加工 + 加热 + 挤压 + 退火 + 热处理 + 探伤及尺寸检测。

（1）电弧炉冶炼。电弧炉冶炼过程有装料—吹氧、造渣—提温—出钢四个过程。装料主要包括的原料有生铁 + 废钢 + 返回料，生铁主要为了提供足够的碳含量，为碳氧反应创造条件，降低废钢中残余元素及微量元素对钢水的影响。装料结束后，吹入大量氧气，与钢水中的碳反应，降低碳、磷、硫含量；同时加入石灰、白云石、碳粉、氧化铁皮等造渣，吸附夹杂物，降低磷、硫含量；隔绝空气，避免二次氧化。提温可以为脱磷、硫创造温度条件，以达到出钢温度要求。出钢过程中加入碳粉、铝、硅铁、锰铁、铬铁、石灰、白云石、精炼渣等，进行脱氧及合金化操作。

（2）LF 精炼。精炼过程包括脱氧、造渣—提温—微调合金—底吹氩。脱氧、造渣过程中需加入铝粉、电石、硅铁粉进行渣面扩散脱氧，降低钢中氧含量，吸附夹杂物。提温是为脱硫创造温度条件，以达到 VD 处理温度要求。微调合金是微调合金元素含量，满足内控要求。底吹氩气的目的是为夹杂物上浮、脱硫、均匀温度、均匀成分提供条件。

（3）VD 精炼。精炼主要是为了脱除钢中气体（H、O、N）。试验证明，当真空度在 70Pa 以上时，长时间保持真空度，VD 的脱氢率也不高，尤其是真空度在 100Pa 以上时，脱氢率基本都维持在 35% 以下。因此，要满足 VD 脱氢要求，必须适当提高真空度。从生产成本和生产节奏方面考虑，保持真空时间控制在 15min，钢液中的氢质量分数基本都下降到 2×10^{-6} 以下。控制钢液的初始氢质量分数，严格烘烤新钢包，减少渣量，降低 Al_2O_3 的质量分数以及使用 MgO 代替 CaO 等，可以降低钢包精炼时及精炼后的吸氢量。VD 的脱氮效果一般较低，平均小于 25%，VD 真空精炼过程利用碳脱氧，增大脱碳量可以提高脱氮量，尽可能地将真空处理时钢水中的硫含量降低到 0.004% 以下，可以提高脱氮量。VD 真空精炼脱氧包括两个内容，即真空碳脱氧技术和氧化夹杂物去除技术。真空碳脱氧的原理与真空氧脱碳是一致的，区别只在于冶金侧重点不同而已。采用真空碳脱氧技术可从源头上减少脱氧夹杂物的生成数量。

（4）浇注。浇注主要包括做模—浇注。采用模注法浇注。做模时要根据生产计划选择底板、钢锭模、砌砖、清模、挂板、做模、吸风，保护渣吊挂。按工艺规定控制锭身、冒口浇注速度，同时要加入发热剂、覆盖剂进行浇注。

（5）热送或冷送。按工艺规定热送钢锭或冷送钢锭。依据钢管尺寸的不同，热送或冷送钢锭要进行热加工，热加工成型工艺主要分为锻造与挤压。

（6）锻造及后续工艺。钢锭采用锻造成型时，工艺流程为：锻造 + 退火 + 粗加工 + 热处理 + 精加工 + 磁粉、超声波、涡流探伤 + 尺寸检测。锻造时，加热温度一般为 1220 ~ 1240℃，锻造单次压下量为 80 ~ 90mm，反复锻造，对于钢管来说，一般采用两火锻造。锻造后钢管需要进行退火，退火后对外圆进行粗加工，外圆粗加工完成后进行套料，生产成空心管。粗加工钢管进行正回火或淬回火热处理。为了加强心部的冷却速度，提高整体零件的淬透性，一般壁厚在 75mm 以上的采用淬回火处理；而对于 75mm 以下的薄壁管，采用空气中冷却即可获得全部的马氏体组织，可以用正火代替淬火，采用正回火处理。不论是零件淬回火处理还是正回火处理，都是为了改善零件的整体综合性能，从而满足使用要求，同时为精加工做好准备。热处理后进行精加工，加工到成品尺寸，内、外圆的单边加工余量一般为 25mm。

（7）挤压及后续工艺。根据管子壁厚的不同，如果采用挤压工艺，工艺流程为：加热 + 制坯 + 缓冷加工 + 加热 + 挤压 + 退火 + 热处理 + 探伤及尺寸检测。通常情况下，加热温度为 1270 ~ 1300℃；制坯过程分为镦粗和穿孔，将不规则的钢锭镦粗成标准的圆柱坯，穿孔后形成圆筒坯。然后对坯料退火以消除氢及残余应力，并为粗加工做好准备；而后进行表面加工，以消除缺陷为目的，尺寸要求不严。重新加热后进行挤压，挤压出毛坯钢管，内、外圆加工余量一般为 10mm 左右。管坯退火后直接进行最终热处理，最终热处理原则与上述锻造基本相同。

（8）缺陷及尺寸检测。不同的缺陷采用不同的检测手段。磁粉探伤检测外圆是否有细裂纹、黑皮等微缺陷，超声波探伤检测钢管内部是否有大尺寸夹杂、分层和内表面裂纹。等级按照相应厂家的技术协议标准执行。检测分层一般用直探头，检测大尺寸夹杂采用斜探头。涡流探伤是水压试验的替代项，因为国内可以做大口径管水压实验的供货商较少，因此一般采用涡流代替。

最后进行尺寸检测，对于电厂用钢管，一般以内径管居多，内径管要求内径及壁厚尺寸，一般为正值。锅炉管及其他管道，一般以外径管居多，外径管要求外径及壁厚尺寸，一般按照比例制定公差。

1.4.3 P92 钢的常用热处理方法

热处理是为了改变钢材内部组织结构，以满足对零件的加工性能和使用性能的要求所施加的一种综合的热加工工艺过程。热处理工艺的目的是消除上一工艺过程产生的缺陷，为后续的下一工艺过程创造条件，充分发挥金属的潜力，提高工件的使用性能和产品质量，延长使用寿命。P92 钢的常用热处理方法有以下几种：

（1）退火。将钢加热到临界点 A_{c1} 之上或之下温度，保温以后随炉缓慢冷却以获得近于平衡状态组织的热处理工艺。根据在生产过程中退火的作用，加热温度范围有所区别。采用退火处理，不仅可以均匀钢的化学成分及组织，细化晶粒，调整硬度，消除内应力和加工硬化，改善钢的成型及切削加工性能，而且可以为淬火做好组织准备。

P92 钢材在热轧或锻造后，在冷却过程中因表面与心部冷却速度不同造成内外温差会造成残余内应力。这种内应力与后续工艺因素产生的应力叠加，易使工件发生变形及开裂。为了消除变形加工以及铸造、焊接过程引起的残余内应力而进行的退火称为去应力退火。除消除内应力外，还可降低硬度，提高尺寸稳定性，防止工件的变形及开裂。钢的去应力退火加热温度较宽，但不超过 A_{c1} 点，一般在 760℃ 以下。去应力退火保温时间要根据工件的截面尺寸与装炉量决定，去应力退火的冷却应尽量缓慢，以免产生新的应力。此外，氢的存在会导致 P92 钢产生氢致裂纹，因此，P92 钢要进行去氢退火。在生产中，P92 钢去氢退火与去应力退火合并进行。

去氢退火工艺的制定对于防止白点、避免氢致裂纹具有重要的作用。其工艺制定原则[13]是：

1）防止白点，关键是搞好退火保温或缓冷，并以氢的质量分数为第一依据，内应力为第二依据，设计在铁素体状态下的科学去氢工艺。

2）去氢要贯彻全程概念，充分利用能源，在 $A_1 \sim 150℃$ 温度范围内合理安排。

3）退火保温时间以钢液中原始氢的质量分数为第一依据，锻轧材尺寸为第二依据，分等级设计。当钢锭中氢的质量分数在 $2.5 \times 10^{-4}\%$ 以下时，可以大大简化退火工艺。当锻轧材直径小于 200mm 时，也可以轧后在缓冷坑中冷却。

4）等温后要缓慢冷却，一是为了继续脱氢，二是为了避免内应力促发白点。冷却速度可根据锻轧材的有效直径在 10～30℃/h 范围内选择。

5）去氢退火各阶段的时间参数可以应用计算机计算，也可以依据经验或实测确定。

（2）正火。将钢加热到 A_{c3} 之上，保温一段时间，在空气中冷却得到珠光体类组织的热处理工艺。通常情况下，正火既可以作为预备热处理，为机械加工提供适宜的硬度，又能消除应力、细化晶粒、消除魏氏组织和带状组织，为最终热处理提供合适的组织状态。正火也可作为最终热处理，为零件提供合适的力学性能。正火也可以消除过共析钢中的网状碳化物，为球化退火做准备。对于大型工件及形状复杂或截面变化剧烈的工件，用正回火代替淬火和回火可以防止变形和开裂。因 P92 钢中的合金元素较多，对于薄壁 P92 钢管，生产中常常用正火代替 P92 的淬火。

（3）淬火。将钢加热到 A_{c3} 之上，保温以后以大于临界冷却速度的速度冷却得到马氏体（或下贝氏体）的热处理工艺。淬火的目的是使奥氏体化工件获得尽可能多的马氏体，并配以不同温度的回火，从而获得各种需要的性能。淬火可以提高钢的强度与硬度。为消除淬火钢的残余内应力，得到不同强度、硬度与韧性配合的性能，需要配以不同温度的回火。淬火、回火作为各种机器零件及工、模具的最终热处理是赋予钢件最终性能的关键性工序，也是钢件热处理强化的重要手段之一。对于厚壁 P92 钢管，为了得到较多的马氏体，生产中常常使用淬火处理。

（4）回火。将钢加热至 A_{c1} 之上保温一定的时间，以适当的方式冷却到室温的工艺过程。回火可以消除淬火应力，提高钢的塑性与韧性，得到强硬度与塑韧性的适当配合，以满足各种用途零件的性能要求。根据回火温度高低，钢的回火分为低温回火、中温回火、高温回火，通常情况下，对应得到的组织为回火马氏体、回火托氏体、回火索氏体。

回火马氏体是由碳的过饱和 α 相基体与 $\eta - Fe_2C$（或 $\varepsilon -$ 碳化物）或碳原子偏聚团组成的整合组织；回火托氏体是回火时马氏体的条片状特征，往往难以消除，即 α 的再结晶极为困难，碳化物也难以聚集粗化，颗粒极其细小，回火转变很难彻底完成，由极为细小的 $\theta -$ 渗碳体与已发生回复的铁素体基体组成的整合组织；回火索氏体是铁素体基体上弥散分布着较大颗粒状的 $\theta -$ 渗碳体或特殊碳化物。铁素体已经发生再结晶而变成等轴晶粒，位错密度大大降低。P92 钢由于合金元素的含量高，过冷奥氏体稳定性强，在最终热处理空冷淬火时形成马氏体组织，强硬度高，塑韧性低。为了降低硬度，改善性能，P92 钢常在淬火后进行高温回火处理。

1.4.4 P92 钢的强化方式

P92 钢有较高的强度，这种高强度主要与材料的多种强化方式有关，其主要的强化机制有固溶强化、晶界强化和第二相强化，这些强化方式主要通过钢中加入的合金元素来实现。

（1）固溶强化。固溶强化主要是指以 W 为主的 W‐Mo 复合固溶强化。在 P91 钢成分的基础上，P92 钢中加入元素 W 代替部分元素 Mo，其主要目的是提高铁素体耐热钢的蠕变强度，形成以 W 为主的 W‐Mo 复合固溶强化。

（2）晶界强化。P92 钢的晶界强化主要是通过加入微量 B 元素来提高晶界强度的。微量 B 元素的加入使材料中生成 $M_{23}(C，B)_6$ 型化合物，这种化合物比 $M_{23}C_6$ 型化合物还稳定，且具有晶界强化和弥散强化作用，能最大程度地阻碍碳化物的聚集和粗化，提高钢的高温力学性能。

（3）第二相强化。P92 钢的常规热处理工艺为淬火＋回火，得到的组织是回火托氏体，但在马氏体的板条内有位错存在，而且在原奥氏体的晶界、亚晶界以及马氏体的板条内均存有沉淀强化相。P92 钢中，其第二相强化相主要是指 $M_{23}C_6$ 碳化物和 MX 型碳氮化物，$M_{23}C_6$ 类析出碳化物中 M 为 Fe、Cr、Mo 等；MX 相主要是指 V、Nb、Cr 元素的碳氮化物。其中由于 MX 相细小且热稳定性高，粗化速率很慢，对提高材料的蠕变破断强度和高温力学性能起到至关重要作用。起强化作用的第二相还包括 Z 相和 Laves 相。近年来 Z 相的研究已经成为国内外关注的焦点，Z 相主要是由 Cr、Fe、V、Nb 等元素组成的氮化物，由于 Z 相的析出将会消耗基体中的 Cr、V、Nb 等元素，减少了基体中弥散分布的 MX 碳氮化物的含量，对 P92 的蠕变强度产生很大的影响[14,15]。在 P92 钢中 Laves 相的析出位置与 $M_{23}C_6$ 碳化物的析出位置相同，主要是在原奥氏体晶界和亚晶界等界面处析出。Laves 相的分子式形式为 $(Fe，Cr)_2(W，Mo)$，是一种由 Fe、Cr、W、Mo 等合金元素形成的金属间化合物，该相的形成需要一定量的 W 和 Mo，从而能降低基体和 $M_{23}C_6$ 型碳化物中 W 和 Mo 的含量，使金属中固溶强化作用减弱。

1.4.5 P92 钢的特性及其应用

T92/P92 钢具有强度高、抗氧化性优良、热膨胀性低和焊接性能好等特点，属于铁素体不锈钢。供货状态的 T92/P92 钢是经正火加高温回火后得到的，其显微组织为回火托氏体，沉淀相是 $M_{23}C_6$ 型碳化物和 MX 型碳氮化物，并具有高密度的位错。T92/P92 钢在原始状态下具有 $M_{23}C_6$ 型碳化物和 MX 型碳氮化物两种沉淀相，长期服役后会有 Laves 相和 Z 相析出，这四种析出相对 T92/P92 钢的性能具有重要的影响。

P92 钢的优点是比其他铁素体合金钢具有更强的高温强度和蠕变性能。它的抗腐蚀性和抗氧化性能等同于其他含 9% Cr 的铁素体钢。由于它具有较高的蠕变性能，所以可以减轻锅炉和管道部件的质量。它的抗热疲劳性强于奥氏体不锈钢。热传导和线膨胀系数远优于奥氏体不锈钢。

P92 钢以其优良的性能逐渐被广泛使用。经欧洲的实践经验表明，P92 钢最宜使用于 580~600℃（金属最高温度在 600~620℃）的蒸汽温度范围内的锅炉本体（过热器、再热器）中。此外，P92 钢还适合用于锅炉外部的零部件，蒸汽温度可达到 625℃左右。其主要应用在以下几个方面：

（1）P92 钢在 580~625℃温度范围内具有较高的持久强度和良好的抗蠕变性能，是超超临界机组（当蒸汽压力提高到 27MPa 时，称为超超临界）相对于其他材料较理想的高温高压管道用钢，使用 P92 钢既能有效减轻管道部件和锅炉的质量，还能减小管道系统对设备的推力，而且还有利于减少厂房结构的承载。

（2）P92 钢也可制造高参数电厂的锅炉过热器和再热器。

（3）P92 钢的大口径管可用于制作蒸汽条件相当苛刻的蒸汽管道和联箱。

（4）P92 钢具有蠕变性高和高温强度好的特点，所以在超临界燃煤和燃油机组中已得到了逐步应用。

（5）P92 钢主要用于一级、二级过热器，再热蒸汽管道，主蒸汽管道以及相连接的测量接管等。随着技术不断的发展，P92 钢会有更大的应用空间。

1.5 钢的高温性能指标

1.5.1 高温力学性能

1.5.1.1 高温力学性能研究背景

钢的高温力学性能通常用在温度和力的作用下，钢的应变和应力之间的关系来描述。它反映了钢在高温状态下抵抗各种应力的能力，与铸坯裂纹密切相关。一般以断面收缩率和强度极限作为钢的高温力学性能的指标。研究钢的高温力学性能及其变化机理，不仅是制订和完善连铸工艺的基础，也是热加工工艺制订的理论条件[16,17]。钢的高温力学性能指标通常包括蠕变极限、持久强度极限、剩余应力与应力松弛。在高温下，力学性能就表现出了时间效应，强度极限随承载时间的延长而降低。很多金属材料在高温短时拉伸试验时，塑性变形的机制是晶内滑移，最后发生穿晶的韧性断裂，而在应力的长时间作用下，即使应力不超过屈服强度，也会发生晶界滑动，导致沿晶的脆性断裂。与钢的常温力学性能不同，钢的高温力学性能不仅与加载时间有关，而且还与温度和组织变化有关。

耐热钢是指在高温下工作并具有一定强度和抗氧化性、耐腐蚀能力的钢种。耐热钢常用来制造蒸汽锅炉、蒸汽轮机、燃气涡轮、喷气发动机等构件和零件。

这些零、构件一般在450℃以上，甚至高达1100℃以上工作，并承受静载、疲劳或冲击负荷的作用。钢件与高温空气、蒸汽或燃气相接触，表面要发生高温氧化或腐蚀破坏。随着温度的升高，钢的形变强化作用降低，并且钢的屈服极限和抗拉强度也会降低。钢件在低的应力载荷和温度的长时间作用下，将会发生蠕变现象，最终导致断裂。因此，钢件要在高温下承受各种负荷应力的作用，必须具备足够的热稳定性和热强性。

因此，研究金属在高温下的力学性能，必须综合考虑时间、温度和应力的因素，研究温度、应力应变和时间之间的相互关系，从而建立起金属材料在高温时力学性能的指标，讨论金属在高温、高压下随时间的延长其内部微观结构的变化规律，从而应用微观的显微结构的变化对材料的宏观力学性能的变化做出合理的解释，并对提高材料的力学性能的途径提供必要合理的参考依据。

1.5.1.2 高温塑性变形

金属在高温下长时间承受载荷时，工件在远低于抗拉强度的应力作用下会产生连续塑性变形，这时零件的失效形式往往不是断裂而是尺寸超过允许变形量，这种塑性变形称为蠕变。高温时，材料受力作用时间越长，它的强度值越低。图1-1是典型的蠕变曲线。对于一定的材料，蠕变的大小是应力、温度和时间的函数。由图可知：蠕变的变形

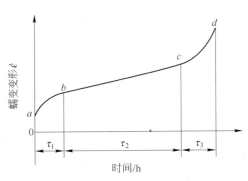

图1-1 典型的蠕变曲线示意图

过程由减速阶段 ab、等速阶段 bc、加速阶段 cd 三个阶段组成，在 d 点发生断裂。这是 σ、τ、T 三个变量中的温度 T 和应力 σ 为定值时做出的，而且这个 σ 远低于在该温度下的瞬时抗拉强度。当温度 T 或应力 σ 改变时，蠕变曲线发生变化。当温度升高或应力增加时，蠕变速率都加快，均会提前发生断裂。金属蠕变抗力大小的指标用蠕变极限表示，蠕变极限通常有两种表示方法，一种表示法是在给定温度 T，规定时间内到达规定变形量（如1%）时所能承受的最大应力，即 σ_{δ}^{T}/τ，其中 σ 为应力，T 为温度，δ 为变形量，τ 为试验时间。另一种表示方法是在给定的温度下，使试样产生规定蠕变速度的应力，即 σ_{ε}^{T}，ε 为规定的蠕变速度（%/h）。后一种表示法和前一种方法实质相同，只是用蠕变速度代替前法中的变形量和试验时间。

蠕变曲线进一步揭示了高温下金属强度本质的变化规律。可以认为，蠕变现象的本质是金属在高温和应力双重作用下金属强化和弱化（消强化）两个过程同时发生和发展的结果。在常温下，当金属承受的应力超过其屈服极限时，会发生变形，并由变形引起强化。当强化使强度与承受的应力相等时，变形即中止。

这时，即使长时间承受应力，也不会有蠕变现象发生。可是如果金属受载时所处的温度超过该金属的再结晶温度，那么在形变强化的同时，金属的组织中会发生回复及再结晶等一系列的消强化过程，则纯强化结果永远不能与外部载荷达到平衡，新的变形将持续产生，因而出现了蠕变现象[18]。由于弱化过程需要一定的时间，所以蠕变的变形量也是时间的函数。表征材料热强性的指标主要有以下几种：

（1）蠕变极限。是在一定温度下，规定时间内材料产生一定蠕变变形量的最大应力。如 $\sigma_{1/100000}^{550} = 68.6\mathrm{MN/m^2}$，表示钢在550℃经 $10^5\mathrm{h}$ 工作或试验后，允许总变形量为1%时的应力为 $68.6\mathrm{MN/m^2}$。

（2）持久强度。是指在规定的温度下（T），材料达到规定的持续时间（τ）而不发生断裂的最大应力，通常用 σ_τ^T 表示，如 σ_{1000}^{700} 表示在700℃下，经1000h的破断应力。与蠕变不同，蠕变试验仅仅能测定蠕变第二阶段变形速率或总变形量，而不能反映材料在高温断裂时的强度。对工程材料而言，不仅需要进行蠕变性能试验，还需进行持久强度试验，持久强度试验的目的是确定在规定时间内金属抵抗破坏的能力。对于设计某些在高温运转过程中不考虑变形量大小，而只考虑在承受给定应力下使用寿命的机件（如锅炉过热蒸汽管）来说，金属材料的持久强度是极其重要的性能指标。

（3）持久寿命。是指材料在某一定温度和规定应力作用下，从作用开始到拉断的时间，用来表征材料在高温下对破断的抗力。

（4）应力松弛。材料在高温长期应力作用下，其总变形不变，材料中的应力随时间延长而自发地逐渐下降的现象称为应力松弛。汽轮机、锅炉中的紧固体以及在高温下工作的弹簧等都是在应力松弛的情况下工作的。例如，汽轮机汽缸、自动主蒸汽门、调速器门、锅炉主蒸汽管、阀门等部位都是用螺栓连接的，为了使法兰压紧，需扭动螺母将螺栓拉紧，此时螺栓即产生弹性变形，但在高温长期应力作用下经一定时间后，此压紧应力将逐渐自行降低，应力自行下降是零件中的弹性变形自发地减小并转变为塑性变形的结果。

（5）机械疲劳。高温机械疲劳指金属材料抵抗高温疲劳能力的大小，用在一定温度下测得的疲劳极限来表示，疲劳极限是材料学里一个重要的物理量，表现一种材料对周期应力的承受能力。在疲劳试验中，应力交变循环大至无限次而试样仍不破损时的最大应力叫疲劳极限，常用条件疲劳极限表示，如 $\sigma_{-1}^{650} = 380\mathrm{MPa}$，即表示温度在650℃，经过 10^7 对称循环次数而不发生断裂的极限应力为380MPa。

（6）热疲劳。航空发动机叶片、导向叶片、涡轮盘等零部件经常在温度急剧交变情况下工作，同样，电厂中汽轮机的部件也常出现由温度交变而造成的损坏现象。工作中设备的零部件所处温度循环变化使材料内部承受交变的热应力，同时伴随着弹性变形的循环，由此引起塑性变形逐渐积累损伤，最后导致材料破裂。材料经多次反复热应力循环以后导致破坏的过程称为热疲劳，由热疲劳引起的破坏特征是脆性的，在断裂点附近仅有少量或不明显的塑性变形，这一点与机械疲劳引起的断裂类似。但是热疲劳所引起的损伤过程要比机械疲劳复杂得多，这与在冷热过程中，材料内部组织结构变化的复杂性有关。

对高温下工作的材料来讲，除机械疲劳之外，热疲劳性能也是一项重要指标，在交变热应力作用下产生的塑性变形循环是热疲劳的基本现象之一。热疲劳裂纹的形成是塑性变形逐渐累积损伤的结果，因此塑性变形幅度可作为热疲劳过程受载特征[19~21]，建立起塑性变形幅度与循环数之间的关系来作为耐热材料的热疲劳强度。

热疲劳的测定方法是将金属材料在规定的最高和最低温度之间往复多次加热和冷却，直到材料上产生 0.5mm 的裂纹为止。热疲劳以符号 "$N_{0.5}^{T_1 \rightleftharpoons T_2} = n$" 表示；其中 T_1 是下限温度；T_2 是上限温度；n 是温度循环次数；0.5 是裂纹长度。相同条件下，n 越大，表示材料抵抗热疲劳的性能越好。例如：$N_{0.5}^{20 \rightleftharpoons 800} = 100$ 即表示试件在下限温度为 20℃，上限温度为 800℃的条件下，产生 0.5mm 裂纹时的热疲劳为 100 次。

1.5.1.3 提高材料热强性的途径

由蠕变和断裂的机理可知，要提高蠕变极限，必须控制位错攀移的速度，要提高持久强度，必须控制晶界的滑动。试验表明，金属的蠕变激活能大体上与其扩散激活能相当，位错越过障碍所需激活能越高的金属，越难产生蠕变变形。因此提高钢热强性的基本原理，在于提高金属和合金基体的原子结合力，得到对蠕变有利的组织结构。

从材料的强度与晶体结构出发，提高耐热钢高温强度的措施有：

（1）强化基体，提高合金基体原子间的结合力，增大原子自扩散激活能。金属熔点越高，金属原子间结合将越强，耐热合金要选用熔点高的金属作基体，铁基、镍基、钼基耐热合金的熔点依次升高。

（2）采用面心立方结构的钢或合金。因为面心立方晶格比体心立方晶格的致密度大，结合力强，再结晶温度高。

（3）强化晶界和改善晶界结构状态。提高晶界激活能，阻碍晶界运动。

（4）使晶粒粗化，高温时金属的破断与常温下不同，主要是沿晶界发生，晶粒粗大则晶界少，高温强度高。

（5）改变金属中的位错组态。位错在滑移（或孪生）时受到的运动阻力越大，则金属抗变形能力越大；而减缓位错的扩散、攀移，也会抑制扩散形变。因此改变金属中的位错组态，对热强性的影响将起巨大的作用。

（6）弥散相强化。合金中的第二相质点周围存在应力场，这种应力场对位错运动有阻碍作用，因而可强化合金。这种强化作用效果取决于弥散相质点的大小、分布和高温下的稳定性。

（7）钢中加入能提高再结晶温度的合金元素如 Cr、Mo，可提高钢的高温强度。

（8）采用适当的热处理，一方面耐热钢可以获得需要的晶粒度；另一方面可以改善强化相的分布状态，调整基体与强化相的成分。

目前，高温下使用的金属材料主要是耐热钢与各类耐热合金，它们的典型组织是合金化的铁素体、奥氏体以及弥散分布于基体组织中的强化相（碳化物、金属间化合物等）和强化了的晶界。在基体金属中加入 Cr、Mo、W 等合金元素形成单相固溶体，除产生固溶强化作用外还可提高基体金属原子间的结合力，增大扩散激活能，并且由于合金元素使层错能降低，易形成扩展位错，位错难以产生割阶、交滑移及攀移，也有利于提高蠕变极限，因此固溶强化是提高钢的热强性的有效途径。图 1 - 2 表明常用合金元素对工业纯铁在 426℃时蠕变极限的影响。

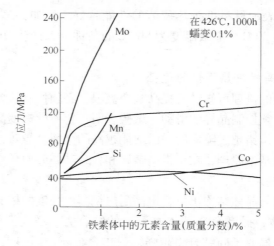

图 1 - 2 合金元素对铁素体蠕变极限的影响

合金中加入能形成弥散相的合金元素，由于弥散相强烈阻止位错的滑移，因而也是提高高温强度的有效方法。弥散相粒子硬度越高、弥散度越大、稳定性越高，则强化效果越好。获得弥散强化相的方法有时效析出弥散相和加入难熔弥散相两种。不同的合金，弥散析出相是不同的，但它们大多数是各种类型的碳化物及金属间化合物。试验证明，在钼钢、钒钢中加入少量的铌和钽，可使 Mo_2C 和 V_4C_3 的稳定性增加，使强化效应能保持到更高的温度。在镍基耐热合金中加入钴元素，能提高强化相 $Ni_3(Al、Ti)$ 的析出温度，延缓它的聚集长大过程。加入高稳定性的难熔弥散相化合物（氧化物、硼化物、碳化物、氮化物等），也能获得相当好的效果，可将金属材料的使用温度提高到熔点温度的 80% ~ 85%。

　　在合金中添加能增加晶界扩散激活能的合金元素（如 B、稀土元素等），既能够阻止晶界的滑动，又能增大晶界裂纹面的表面能，对提高蠕变极限，特别是持久极限很有效。

1.5.1.4　断裂理论

　　断裂就是指在外力的作用下，金属材料丧失连续性的过程，其包括两个过程，即裂纹的萌生和扩展。由于裂纹的萌生和扩展的机制不同，故可以将断裂分为以下几类：

　　按照材料断裂前后宏观塑性变形的程度，将断裂分为脆性断裂与韧性断裂。对于材料的脆性断裂，材料断裂之前基本不发生明显的宏观塑性变形。在高温下进行的一般情况下都属于韧性断裂。韧性断裂是指材料断裂前及断裂过程中发生明显的宏观塑性变形的断裂过程。

　　从微观上看，晶体材料断裂的时候裂纹沿晶内扩展则为穿晶断裂，如果裂纹沿着晶界扩展的断裂则为沿晶断裂，沿晶断裂和穿晶断裂的示意图如图 1-3[22] 所示。沿晶断裂是由晶界上的一薄层连续或不连续的夹杂物、脆性第二相等破坏了材料的连续性所造成的，表现了晶界较弱的结合力。沿晶断裂大多属于脆性断裂，但有时也表现为较好的塑性。

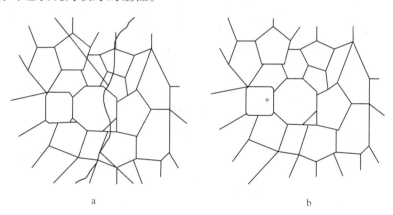

图 1-3　穿晶断裂和沿晶断裂示意图
a—穿晶断裂；b—沿晶断裂

　　若按照微观断裂机理，材料的断裂又可分为解理断裂和剪切断裂，两种微观断裂方式是材料断裂的两种重要微观机理。解理断裂是脆性穿晶断裂，指在正应力作用下，由于原子之间的结合键被破坏而引起的沿着特定晶界发生的断裂，其裂纹会沿着解理面分离。解理断裂通常是宏观上的脆性断裂，其裂纹扩展速度非常快，通常会造成构件或零件彻底的损坏。而剪切断裂分为两种形式：一种形式如图 1-4[22] 所示，指当材料受到较大的变形量时，在切应力的作用下，金属晶体沿着滑移面发生滑移，滑移面相互接触的面积将会逐渐减少，最后将沿滑移面分离从而导致断裂的发生。若为单系滑移，则断口会呈现出锋利的楔形；若是多系滑移，断口将会呈现出钉尖形或刀刃形，只是材料的这种断裂方式在工程中很少出现。剪切的另一种形式为微孔聚集型断裂，如图1-5所示[22]。微孔聚集型断裂是材料韧性断裂的常见方式，对于低碳钢而言，其金属拉伸时产生的杯锥状断口就为这种断裂形式。在宏观上，它的断口经常呈现出暗灰色、纤维状断口的特点；在微观上，它的断口特征则是断口上分布着大量的韧窝。在外力的作用下，在第二相质点处或某些夹杂物中会由于存在非常强烈的滑移而形成的显微空洞，这些显微空洞在切应力的作用下，会不断地聚集连接并且逐渐长大，与此同时还可能产生出一些新的空洞，最终使整个工件发生断裂。

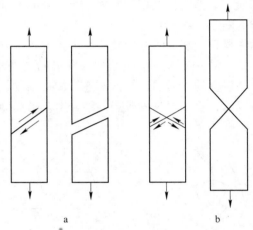

图1-4   纯剪切断裂示意图

a—单系滑移；b—多系滑移

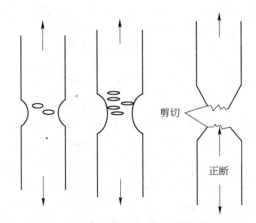

图1-5   微孔聚集型断裂示意图

从钢的裂纹来考虑，应该根据钢的高温脆性曲线来决定钢的冷却制度，从钢的熔点到600℃左右的温度区间内，划分了三个脆性温度区域，钢在这三个区间内，强度或塑性有显著下降，很容易形成裂纹，这些温度区间称为脆性区，如图1-6所示[23]。Ⅰ区的脆性是由于晶界熔化；Ⅱ区的脆化是由于硫化物、氧化物在晶界析出，降低了晶界强度；Ⅲ区则是由于沿原奥氏体晶界析出的先共析铁素体或第二相。由于钢的化学成分、应变速率等条件的不同，三个脆性区不一定同时表现出来，第Ⅱ脆性区有时并不出现。

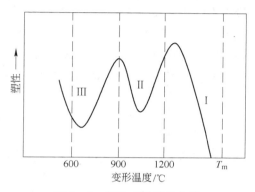

图1-6 钢的高温脆性曲线

1.5.2 高温抗氧化性能

1.5.2.1 高温抗氧化性研究的背景

超超临界机组中最为常见的耐热材料已经超过30种牌号。主要合金成分集中在Cr、Mo、W、Cu、V、Nb、N。这些材料的热强性能可完全满足机组的设计要求，但在运行中存在的突出问题主要反映在两个方面：一是由于在高参数水蒸气条件下的氧化速度非常高，特别是在产生局部超高温时，氧化皮可在短时间（2000h）内达到很大的厚度（超过1mm，占有效壁厚的20%以上），导致传热性能恶化，管壁温度升高，氧化腐蚀等进一步加速，热强性能快速降低，最终导致爆管停机事故，经济损失巨大。在外管壁方面存在的烟气高温腐蚀则属于同类问题。二是机组长期运行中，锅炉高温受热面管内壁生长的氧化皮生长到一定厚度时将产生剥落，这些氧化皮颗粒被蒸汽流带入汽轮机，对叶片、阀门等重要部件造成冲蚀磨损，影响了机组效率并引起故障停机。为了减少上述问题的发生，电厂一般采用提高管材等级的方法进行更换，但采用具有更高耐热性能的材料时，则产生更高的成本，材料的可焊性能降低。目前，我国因为电站建设和维修更换而进口的高档耐热管材费用约为30亿美元。

在高温使用过程中，蠕变与氧化会破坏机械结构的完整性，导致零件失效甚至过早报废。因此，材料的高温抗氧化性是限制高温条件下材料使用寿命的主要因素之一[24]。P92 钢在 630℃ 以下使用时具有较好的抗氧化性，一旦超过此温度，抗氧化性急剧下降。

因此，研究超超临界机组高温受热面管材在水蒸气和锅炉烟气条件下的高温氧化腐蚀过程与机理，开发表面防护技术，降低氧化膜生长速度，可有效减少超超临界机组的爆漏停机事故，提高机组运行效率和节能水平，对保障机组安全运行、节约外汇支出等具有重要意义，并将带来巨大的社会经济效益。

1.5.2.2 高温氧化机制

氧化是自然界中最基本的化学反应之一。金属的氧化是指金属与氧化性气体反应生成金属化合物的过程。除极少数贵金属外，几乎所有的金属都会发生氧化。在室温下实用金属材料的氧化反应缓慢，而在相对较高温度下其氧化反应变剧烈并具有破坏性。金属的高温氧化正是研究在高温下金属材料与环境中的气体介质发生化学反应导致材料变质或破坏过程的科学。

高温氧化的过程是非常复杂的。首先发生氧在金属表面的吸附，其后发生氧化物形核，晶核沿横向生长形成连续的薄氧化膜，氧化膜沿着垂直表面的方向生长使其厚度增加。其中，氧化物晶粒长大是由正、负离子持续不断通过已形成的氧化物的扩散提供保证的。尽管各种金属的氧化行为千差万别，但对氧化过程的研究都是从两方面入手的：热力学和动力学。通过热力学分析可判断氧化反应的可能性，而通过动力学测量来确定反应的速度。

目前，金属（合金）氧化动力学的基本解释是以 Wanger 理论为基础的。该理论以元素通过氧化膜晶格缺陷的扩散为前提，即氧化膜中的点缺陷运动决定了氧化动力学过程。按此理论，在稳态氧化期，合金氧化动力学服从抛物线速度定律（$W^2 = kt$）。这种机理对于某些金属的高温氧化有着良好的一致性。但是对于氧化膜中存在大量微观扩散通道，如晶界、孔隙、位错、微裂纹等的情况，偏差有时很大。王永刚等人就对微晶 Ni_3Al 高温氧化的动力学规律进行了分析讨论，得出的结论是氧化动力学遵从 4 次方规律，即 $W^4 = kt$。其他的氧化规律还有直线规律、立方规律、对数规律、反对数规律等。从现有的研究结果来看，将平方抛物线规律修改成 $W^m = kt$ 形式[25]，然后进行数据处理是具有实际意义的。

1.5.2.3 合金高温氧化过程及特点

在高温下使用的金属材料统称为高温合金或超合金。高温合金必须满足两方面的性能要求：一是具备良好的高温力学性能；二是具备优异的抗高温腐蚀性能。

为了提高合金的高温力学性能，通常都要采用固溶强化、析出相强化及晶界强化等强化措施。因此，合金的典型组织是由合金化的基体组织和弥散分布于其中的强化相构成的。

高温合金的使用温度是一项重要的指标，因为在各种动力系统中，温度的提高可大幅度提高输出功率。20世纪40年代，高温合金的使用温度大约为800℃。以后以每10年提高50℃左右的速度发展。到目前，高温合金的最高使用温度可达到1100℃左右。绝大多数高温合金氧化时都主要形成Al_2O_3膜或Cr_2O_3膜，其合金都含有相当数量的铝或铬元素。Al_2O_3膜或Cr_2O_3膜的形成，可以初步保证合金的抗恒温氧化性能。但是，具体的合金体系不同，生成的氧化膜的黏附性相差较大。合金是否具有优异的抗氧化性能，主要包括两方面：一是包括在恒温情况下，氧化膜生长缓慢并保持完整；二是在温度变化时，氧化膜不容易发生开裂和剥落。

合金的氧化比纯金属复杂。当金属A作为基体，金属B作为添加元素组成合金时，可能发生以下几种类型的氧化：（1）只有合金元素B发生氧化；（2）只有基体A发生氧化；（3）基体金属和合金元素都氧化。

当各组分都发生氧化时，生成的氧化物有几种情况：（1）两种氧化物互不溶解；（2）两种氧化物生成固溶体；（3）两种氧化物生成化合物。图1-7为$Fe-30Mn-9Al$合金在800℃氧化160h后的氧化层结构，由图可以看出，氧化产物中，有Mn的氧化物Mn_2O_3，也有Al的氧化物Al_2O_3，同时也有Mn_2O_3与Al_2O_3生成的化合物$MnAl_2O_4$。

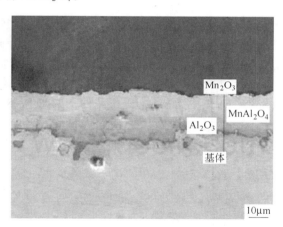

图1-7　$Fe-30Mn-9Al$合金在800℃氧化160h后的氧化层结构

Wagner根据氧化物的近代观点指出，高温氧化的初期属于化学反应；当氧化膜形成后膜的成长则属于电化学过程[26]。在金属Me与氧化物MeO的界面（内界面）发生金属的氧化反应：$Me = Me^{n+} + ne$；在氧化物MeO与氧O_2的界面（外界面）发生氧分子还原反应：$1/2O_2 + 2e = O^{2-}$。

1.5.2.4　高温氧化热力学与动力学

A　高温氧化热力学

高温氧化是狭义的高温腐蚀，是金属与环境中的氧反应形成氧化物的过程。

其氧化动力学与热力学是研究高温氧化的基本工具。金属高温腐蚀的动力学过程比较缓慢，体系多近似于热力学平衡状态。

以金属在氧气中的氧化为例：$M + O_2 \Longrightarrow MO_2$ （1-1）

范托霍夫等温方程式：$\Delta G = -RT \ln K_p + RT \ln Q_p$ （1-2）

标准吉布斯自由能变化的定义为：$\Delta G^0 = -RT \ln K_p$ （1-3）

$$\Delta G = -RT \ln \frac{\alpha_{MO_2}}{\alpha_M p_{O_2}} + RT \ln \frac{\alpha'_{MO_2}}{\alpha'_M p'_{O_2}} \qquad (1-4)$$

由于 MO_2 与 M 均为固体物质，活度均为 1，故：

$$\Delta G = -RT \ln \frac{1}{p_{O_2}} + RT \ln \frac{1}{p'_{O_2}} = RT \ln \frac{p_{O_2}}{p'_{O_2}} \qquad (1-5)$$

式中，p_{O_2} 是给定温度下 MO_2 的分解压；p'_{O_2} 是气相中的氧分压。

故使用金属氧化物的分解压与环境中的氧分压之比来判定金属氧化的可能性，可以判定金属氧化反应的方向。当 $p'_{O_2} > p_{O_2}$ 时，$\Delta G < 0$，金属能够发生氧化反应，两者差值越大，氧化反应倾向越大。当 $p'_{O_2} = p_{O_2}$ 时，$\Delta G = 0$，反应达到平衡；当 $p'_{O_2} < p_{O_2}$ 时，$\Delta G > 0$，发生氧化物的分解反应。

B 高温氧化的动力学

高温氧化的基本过程是金属离子向外扩散，在氧化物/气体界面上反应；氧向内扩散在金属/氧化物界面上反应；两者相互扩散，在氧化膜中相遇并反应。氧化膜的成长可以用单位面积的增重表示，也可以用膜厚表示。在膜的密度均匀时，两种表示方法是等价的。

膜厚度随时间的变化规律可以总结为以下几种，如图 1-8 所示。

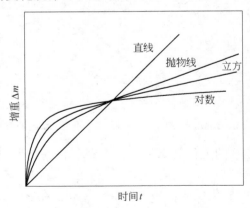

图 1-8　氧化膜厚度随时间的变化曲线

（1）直线规律（$y = kt + C$）：直线规律反映出表面氧化膜多孔，不完整，对金属的进一步氧化没有抑制作用；直线规律的氧化动力学表明，金属氧化时不能生成保护性的氧化膜，在反应期间生成气相或者液相产物，氧化速度等于生成氧化物的速度。例如纯镁在氧气中的氧化速度与实践的关系符合直线规律。

（2）氧化动力学的抛物线规律（$y^2 = 2k_p t + C$）：多数金属或合金的氧化动力学规律均符合抛物线规律。符合抛物线规律的金属在氧化过程中，表面形成致密的较厚的氧化膜，氧化速度与膜的厚度成反比。多数金属（Fe、Ni、Cu、Ti）在中等温度范围内的氧化都符合简单抛物线规律，氧化反应生成致密的厚膜，能对金属产生保护作用。例如铁在空气中的氧化遵循此规律。

（3）氧化动力学的立方规律（$y^3 = 3k_c t + C$）：铁、铜在低氧分压气氛中的氧化，比如铁在水蒸气中的氧化，符合立方规律。

（4）氧化动力学的对数与反对数规律（$y = k_1 \log(k_2 t + k_3)$）：在温度比较低时，金属表面上形成薄或极薄的氧化膜，产生很大的阻滞氧化作用，使膜厚的增加速度变慢，在时间不太长时膜厚已不再增加。

1.5.2.5 提高抗氧化性的途径

合金通过选择性高温氧化生成保护性氧化膜是设计高温合金及其涂层的重要原则。增加合金中被选择性氧化元素的含量或提高其在合金中的扩散速度，降低氧在合金中的含量及其扩散速度，以及提高氧化物的生核率，这些措施均可促进合金的选择氧化。抗氧化性能最好的选择性氧化膜有 Al_2O_3、SiO_2 和 Cr_2O_3 膜。

鉴于氧化原理，提高钢件抗氧化性的措施主要有以下几个方面：

（1）要防止 FeO 形成或提高其形成温度。如钢中 Cr、Al、Si 元素含量较高时，钢和合金在 800～1200℃ 也不出现 FeO。零件工作温度越高，保证钢有足够抗氧化性的 Cr、Al、Si 含量也应越高。

（2）加入元素 Cr、Al、Si，形成 Cr_2O_3、Al_2O_3 或 $FeO \cdot Cr_2O_3$、$FeO \cdot Al_2O_3$、$FeSiO_4$ 等致密且牢固结合的合金氧化膜，可以阻止铁离子和氧原子的扩散，有良好的保护作用。

（3）碳对钢的抗氧化性不利，因为碳和铬易形成铬的碳化物，减少基体中的含铬量，易使基体产生晶间腐蚀。因此碳含量限制在 0.1%～0.2% 的低碳范围内。

（4）通过表面改性可以大幅度提高金属材料的抗高温氧化性能。表面改性方法主要包括金属涂层、陶瓷涂层和表面微晶化等。

1.5.2.6 表面改性对金属抗氧化性能的影响

表面技术是在不改变基体成分、不削弱其力学性能的前提下，利用各种化学的、物理的、电化学的以及机械技术和方法，赋予材料特殊的表面功能，并使基体和表面的性质得到最优的配合。表面技术种类繁多，按照方法分类主要有：电镀与电刷镀、化学镀、涂装、堆焊和熔结、热喷涂、电火花涂覆、热浸镀、真空蒸镀、溅射镀、离子镀、化学气相沉积（CVD）、化学转化膜、化学热处理、高能束表面处理、离子注入表面改性等[27]。

A 电镀镍技术

a 镍层的性质及用途

金属镍具有很高的化学稳定性，在稀酸、稀碱环境中具有很好的耐蚀性，在空气中镍与氧相互作用可形成保护型氧化膜。因此，镀镍广泛应用在五金产品、汽车、能源、电器、仪表仪器等各个领域。但镀镍层的孔隙率较高，且镍的电位比铁正，这使得单一的镀镍只能够在足够厚的条件下才能有效地防止某些腐蚀或氧化，成本较高。因此常用不同层组合来提高其防护性能。

b 普通镀镍的电极反应

电镀镍是将 P92 钢作为阴极，浸于含 Ni 离子的电镀液中，另一端放置 Ni板，选择合适的电流，连接导线通电后，在 P92 钢表面析出金属 Ni 的电化学过程。具体的两极反应如下：

（1）阴极反应。在镀镍液中的阳离子中，Ni^{2+} 和 H^+ 的电位远远高于镀液里其他离子的电位，因此镀镍过程中阴极反应为镍离子的还原和析氢副反应：

$$Ni^{2+} + 2e \longrightarrow Ni \tag{1-6}$$

$$2H^+ + 2e \longrightarrow H_2 \uparrow \tag{1-7}$$

（2）阳极反应。镀镍过程中的阳极反应为镍阳极的溶解，即：

$$Ni - 2e \longrightarrow Ni^{2+} \tag{1-8}$$

若镀液中有 Cl^- 存在，则在阳极极化较大时，阳极会有氯气析出，即：

$$2Cl^- - 2e \longrightarrow Cl_2 \uparrow \tag{1-9}$$

当镀液中阳极活化剂很少，阳极电流密度过高时，镍阳极发生钝化，会有氧气析出（氧气的析出会使阳极镍钝化更加严重），即：

$$2H_2O - 4e \longrightarrow 4H^+ + O_2 \uparrow \tag{1-10}$$

由于镍的交换电流密度很小，镍离子放电时极化较大，因而暗镍镀液即使不含添加剂也可以得到结晶紧密的镀镍层。

B 固体粉末渗铝技术

a 固体粉末渗铝的目的

利用化学热处理的原理将金属原子渗入工件表面称为渗金属。它使工件表面层合金化，以使工件表面具有某种特性。渗金属的特点是：深层是靠热扩散形成的，所渗金属与基体形成化合物相，与基体紧密结合。渗层具有不同于基体的成分和组织，因此可以使其获得特殊的性能，如耐腐蚀、耐磨损、高温抗氧化性等性能[28,29]。

对钢铁和镍基、钴基等合金渗铝后，能提高抗高温氧化能力，提高含硫、硫化氢和氧化钒的高温燃气环境下的抗氧化、耐腐蚀能力。渗铝层最外层是抗氧化、耐腐蚀的金属间化合物，如 $FeAl_5$、Ni_2Al_3 等。往里是由针状组织组成的一个薄层，是铁铝化合物与 α 固溶体的两相混合，再往里是柱状晶的含铝的 α 固溶体，里面是基体。渗铝的方法有很多种：固体粉末渗铝、气体渗铝、液体渗铝、热喷涂渗铝、料浆渗铝、静电喷涂渗铝等。其中应用最多的是热浸渗铝和粉末渗铝。

b 渗铝的原理

固体渗铝的原理包括浓度差原理与循环原理，前者保证了渗铝的可行性，后者保证了实验的连续循环。

（1）浓度差原理。在渗铝过程中，固体的氯化铝受热转变为气态，由于金属基体界面吸附和界面反应消耗一定的氯化铝，所以在边界层基体金属表面，气态氯化铝浓度降低，那么外层的高浓度气态氯化铝必然会向金属表面扩散。

（2）循环原理。反应产生的氯气与铝粉反应生成了氯化铝，保证了反应的循环连续进行。

近年来，在各个领域对材料表面性能的要求越来越高，这就促使了稀土催渗技术的迅速发展，稀土在渗铝方面有了一定的应用。

C 稀土催渗技术

稀土是化学元素周期表中镧系元素及钪（Sc）、钇（Y）共 17 种元素的总称。由于稀土元素电子结构特殊，化学活性极强，因而对一般金属及其合金有着优异的改良性能潜力。20 世纪 80 年代，我国学者哈尔滨工业大学刘志儒教授等人首先将稀土引进化学热处理领域，在学术上取得了很大的成就，引起了国内外科学领域的广泛关注。随后关于稀土在热处理中的应用以及催渗、促渗机理的研究在国际上蓬勃开展，现已取得大量的研究成果。

稀土包括的 17 种元素中，作为热处理催渗剂通常以其中的镧（La）、铈（Ce）两种为主。由于其化学电负性很强（Ce 为 - 2.48、La 为 - 2.52），化学性质活泼，可以与许多非金属有化合作用，如硼稀土共渗、硫碳氮稀土共渗等，在生产中获得了成功应用，经济效果极其显著。近年来的研究发现，在渗铝过程中，渗铝剂中加入微量稀土可以改善渗层性能[30]。关于稀土在渗铝方面的作用已有报道，大致可归纳为如下几点：

（1）稀土改善渗液金属与基体的黏着性，使镀层更加完整；

（2）稀土改善合金渗层组织的均匀性、致密性和塑性；

（3）稀土与环境腐蚀气氛（如含 S 的强腐蚀气氛）或基体元素在界面上形成稳定化合物层，阻止了腐蚀性气氛的进一步向内部渗入；

（4）稀土改善渗铝层表面 Al_2O_3 的致密度和完整性，抑制或减少了合金的氧化；

（5）稀土改变铝合金的腐蚀电位等。

综上所述，尝试着把稀土应用到耐热钢的高温涂层中，有很大的必要性。一方面可以增强现有涂层的抗氧化性，同时得到热稳定性更强的高温涂层；另一方面可以大大提高火力发电机组的发电效率，为社会创造更大的价值。

D P92 钢复合涂层的研究现状及发展前景

国内外已经成功地制备出了 Ni – Al 化合物高温复合涂层，并对其进行了高温抗氧化性研究，证实了它良好的抗高温氧化能力，但还存在一些不足，研究者们对此提出了一系列优化方案，其中用稀土催渗的方法制备 Ni – Al 复合涂层有一定的研究价值。

a P92 钢复合涂层的研究现状

文献［31］、［32］通过两步法，在 P92 钢表面分别制备出了单一的 Fe – Al 合金涂层和 Ni – Al 化合物复合涂层，随后在 650℃氩气保护下进行等温退火实验，并进行对比研究。研究结果显示，Fe – Al 合金涂层为 Fe_2Al_5；Ni – Al 化合物复合涂层内层是 Fe_2Al_5，厚度为 $6\mu m$，外层为 Ni_2Al_3，厚度为 $24\mu m$。通过等温退火实验，单层 Fe_2Al_5 涂层在 6035h 氧化后，涂层中的 Al 元素向基体扩散速度过快，浓度迅速下降，会严重影响涂层的使用寿命，而 Ni – Al 化合物复合涂层在至少 11361h 内能保持其结构的稳定性，其涂层外部 Al 元素浓度始终维持在一个范围内。通过对比即能发现，Ni – Al 化合物复合涂层相对于单层的 Fe – Al 合金涂层，在抗氧化性能方面有明显的优势，更重要的是其结构在高温环境下稳定，可以大大增强涂层的服役时间。

2012 年，武汉科技大学吴道洁同样在 P92 钢表面制备了 Ni – Al 化合物复合涂层，研究了其热稳定性机理，并提出了优化涂层的思路。结果显示，Ni – Al 化合物复合涂层在经历 594h 等温退火实验后，会转变为 NiAl 新相，Al 元素扩散达到 $33\mu m$，随着等温退火时间增加，Al 元素扩散深度不断增加。由此提出了结论：利用新外层 NiAl 相与内层 Fe – Al 合金界面上 Al 元素的活度差的制约作用来减弱 Al 元素的扩散，给出最佳的渗铝剂配比为 $4Al - 2AlCl_3 - (94)Al_2O_3$（数字表示质量分数）。但是从各个保温时间段的涂层扫描电镜照片发现，涂层中的孔洞缺陷随着退火时间的增加而增多并长大，这对涂层的整体性能会产生非常大的影响，恶化涂层的性能。如何解决这一问题，需要进一步改进。

b P92 钢复合涂层的发展前景

目前许多研究者们对稀土在渗铝方面的应用已做了很多工作，研究已经证实了稀土用在渗铝过程中可以增强材料表面的抗高温氧化性能，可以起到催渗、促渗的作用。

有专利指出[33]，在坩埚浸铝合金液中加入稀土铈（0.03% ~ 0.04%）以及镓、铟金属元素，可以使 Al 涂层表面光亮，且可大幅度提高坩埚的使用寿命，降低成本，提高效益。曾鹏、蒙继龙研究了混合稀土（其中铈含量大于 45%（质量分数））对热浸镀 55% Al – Zn 合金涂层抗氧化性能的影响，研究表明，加稀土的涂层可以很大程度地提高金属涂层的抗氧化性能[34]。近年来文九巴等人对稀土对渗铝钢热浸组织、耐腐蚀性以及耐高温氧化性能做了很多工作，研究表明，适量稀土对涂层的性能有促进作用，但加入过量时，反而会降低涂层的性能[35,36]。文献［37］介绍了稀土对渗铝 HK40 耐热钢氧化性能的影响，证实了经稀土渗铝处理后，其氧化膜的塑性和黏附性得到改善，抗氧化性能有所提高。西安理工大学张伟研究了稀土（0.5% La）对 20 号钢渗铝层、基体界面空洞生长和抗高温剥落性能的影响，并得出了 800℃温度下空洞与氧化时间的关系，如图1-9 所示，由图可知，无论是孔洞直径还是孔洞数量，在加入稀土渗铝后都明显减小，说明稀土是抑制孔洞形核和生长的主要原因，即热浸镀稀土铝后，试样表面自由铝层减薄，从而降低了高温下渗铝层/基体界面铝的浓度梯度[38]。

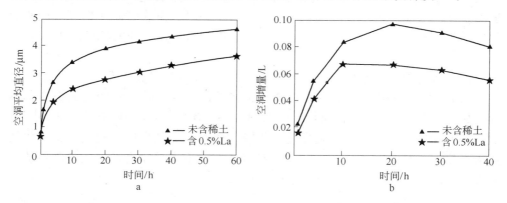

图 1-9　800℃温度下空洞与氧化时间的关系

a—空洞平均直径与氧化时间的关系；b—空洞增量与氧化时间的关系

综上所述，Ni-Al 化合物复合涂层已被证实存在着优异的抗氧化性能，但还存在着某些方面的不足，至今尚无把稀土应用到 P92 钢复合涂层方面的研究[39]。众多研究表明，稀土对渗铝层具有催渗、促渗的作用，应用在涂层中可以增强涂层的抗高温氧化能力，有效地减少涂层中孔洞的形核长大。把稀土与 Ni-Al 化合物涂层相结合，应用到 P92 钢高温涂层中，对于改善涂层的质量、提高涂层的高温性能具有重要的意义。

1.5.3　高温热腐蚀性能

锅炉、过热器等的在高温下工作的零部件除了受高温氧化作用外，还要与高温介质作用，如高温炉气中的氯化物与硫酸盐等沉积而加速氧化，从而造成腐蚀。这种腐蚀称为热腐蚀。发生热腐蚀时，金属或合金表面必须沉积一层盐膜，一旦形成盐膜后，其对合金的腐蚀程度就与该盐膜的状态（固态、液态）及对表面的黏附性、浸润性有关。一般来说，沉积在表面上的许多硫酸盐或混合盐膜，在一定的高温下都成为液态，因此加速了金属材料的腐蚀。

1.5.3.1　热腐蚀过程及特征

金属或合金在腐蚀性高温炉气氛中服役，在长时间工作的过程中，金属与合金会发生不同程度的热腐蚀。热腐蚀分为两个阶段：孕育期和加速腐蚀期。在孕育期内，合金被氧化，在其表面上形成保护性的氧化膜和沉积薄盐膜，而后是合金中的元素离子化（$M = M^{n+} + ne$）和产生电子，在熔融盐膜内转变为金属离子。最初，在盐膜下形成的腐蚀产物能在一定程度上阻止热腐蚀的进行，也阻止了气体与合金的反应，之后在合金的表面保护层下可能形成某些硫化物，保护层中出现了某些缺陷、孔洞或裂纹，由此熔盐开始穿过保护层与合金表面反应，到一定程度后，表面保护层将失去保护作用，从而使热腐蚀进入加速阶段。依据不同的条件，孕育期的长短可以从几秒钟到数千小时。而热腐蚀一旦进入加速阶段，则速度迅速增大，并伴有腐蚀产物的大量剥落。热腐蚀的特征主要有以下几点：

（1）首先是在金属材料表面沉积了一层硫酸盐或其混合盐膜；

（2）在短时期内，腐蚀速率较慢，主要是由于氧与合金中的铬或铝在其表面形成了具有一定保护性的氧化膜（Al_2O_3 或 Cr_2O_3），此时硫刚开始扩散；

（3）由于熔融盐膜中的硫穿透氧化膜扩散到合金中形成了硫化物，氧化物溶解到盐中并在氧化膜中产生了很大的生长应力而破坏了氧化膜，使它变得疏松多孔，同时也使盐的成分变得更富于腐蚀性；

（4）从显微组织来看，在表面层是疏松多孔的无力附着的氧化物及硫化物，在合金内部已有沿晶界分布的硫化物。

由此可见，金属材料热腐蚀生成的硫化物膜疏松多孔或有裂纹，硫化物的晶体缺陷浓度较大，有利于金属、氧和硫通过膜进行扩散，如此循环加速腐蚀，最后在金属表面上形成了一层疏松多孔并易崩裂的氧化物和硫化物混合层。

1.5.3.2　热腐蚀的类型

依据腐蚀温度的不同，可分为低温腐蚀与高温腐蚀。

高温热腐蚀是指温度范围为 825～950℃时产生的热腐蚀，特别是当温度高于884℃（纯硫酸钠的熔点）时，沉积的盐膜处于熔融状态。其典型的特征是由于形成硫化物而耗尽了基体中参加反应的元素。

低温热腐蚀是指发生在温度介于 650～750℃间的热腐蚀。虽然从温度上来讲整体盐膜未达到熔点，但是由于金属硫化物的熔点较低，容易生成熔点更低的金属 – 金属硫化物共晶体，如 Ni_3S_2 的熔点为 787℃，而 $Ni – Ni_3S_2$ 的共晶熔点只有645℃。这样表面的局部盐膜已成为熔融状态，从而加速了腐蚀。

1.5.3.3　热腐蚀机理

20 世纪 50 年代的时候，研究者们经过研究发现材料的热腐蚀可能会与 Na_2SO_4 有关，然而具体的腐蚀情况仍然没有受到广泛关注，直到 1959 年，美国的舰艇上出现由热腐蚀引起的事故，材料的热腐蚀才被人们所重视，众多学者也开始对热腐蚀进行深入研究。

第一次详细研究热腐蚀机制的是科学家 Simons[40] 和他的团队，他们提出了著名的硫化－氧化循环机理模型：也就是金属与 Na_2SO_4 反应形成了硫化共晶产物，然后这种硫化产物经过反复氧化－硫化，从而造成了严重的热腐蚀。发生氧化－硫化，有两个条件是不可忽略也是必须要满足的：一个是形成低熔点的共晶产物；二是形成的共晶产物要比金属基体更容易被氧化。大量的实验证明热腐蚀过程中的确有低熔点共晶产物生成，但是在某些热腐蚀现象中，这些共晶产物并不能优先基体氧化。因此 A. U. Seybolt 研究了 Ni – Cr 合金的热腐蚀后对这一机理模型进行了修正。他认为，生成了不能优先基体氧化的共晶产物时，例如 Cr 的硫化物，铬的硫化会导致基体中缺乏铬元素的保护，从而使合金的耐氧化性能降低，由此引发硫化物发生硫化－氧化循环，加快热腐蚀的进行。朱日彰等人[41] 用放射性同位素[35]S 研究了热腐蚀过程中硫的扩散和分布，也证实了这种解释的合理性。

但是随后 Stringer 和 Warnes[42,43] 研究了三种高温合金经预硫化处理后的氧化行为，没有发现腐蚀速度加快的现象。于是他们认为热腐蚀的机制并非简单的硫化－氧化，而应该与合金表面保护性氧化膜被 Na_2O 溶解破坏有很大关系，并且由此提出了著名的碱性熔融模型。此后 Gobel 和 Pettit 研究了含有强酸性组元 W、Mo、V 等元素的镍基合金的热腐蚀行为，将碱性熔融模型发展为酸碱熔融模型。Rapp 和 Goto 基于对多种氧化物在硫酸钠中的溶解度曲线提出了一个能维持热腐蚀反应不断进行的准则，即 Rapp – Goto 准则，即当氧化物在氧化膜熔盐界面处的溶解度比在熔盐/气体界面的溶解度高时，热腐蚀反应将自动进行，发生加速腐蚀。随之，酸碱熔融模型得到完善。其基本观点如下：

（1）金属或合金表面生成的保护性氧化物会受到熔盐的碱性或酸性熔融，然后会在熔盐中沉积，这些重新沉积的氧化物疏松而无保护性。

（2）熔盐层中存在氧化物溶解度差异是热腐蚀自动进行的必要条件。

（3）当热腐蚀处于稳定阶段时，金属表面致密氧化层的生长速度与熔盐溶解速度相同，此时疏松氧化物沉积层不断增厚。

虽然酸碱熔融模型现在被广泛接受，但同样也存在许多无法解释之处：例如在一些实验中发现熔融模型与实际测量的热腐蚀动力学不完全吻合；有时热腐蚀持续自发进行但是盐膜中没有溶解度负梯度；而在另外一些热腐蚀过程中，熔盐层中没有发生疏松氧化物再沉积。

此后研究者们在酸碱熔融模型中加入了电化学腐蚀机制，为热腐蚀机理研究提供了新的途径。在热腐蚀的电化学研究方面，我国的研究处于世界的领先地位。1993 年，张允书等人率先提出了热腐蚀的电化学模型，认为热腐蚀本质上属于电化学行为。随后，曾潮流等人详细地解释了铬盐腐蚀电化学过程。朱日彰等人认为在热腐蚀过程中，诸多因素都会引起金属材料表面发生微电池过程，提出了热腐蚀的微电池模型，着重指出了微电池作用对热腐蚀行为的重要影响。这也解释了熔融模型与实际热腐蚀动力学的偏差。但是，上述几种模型仍然不能解释所有问题，仍然需进一步研究。

早期研究的热腐蚀现象都发生在沉积盐的熔点以上，属于高温热腐蚀。20世纪 70 年代，学者发现在 Na_2SO_4 的熔点以下的温度，金属材料也可以出现热腐蚀现象，即低温热腐蚀或 II 型热腐蚀。Chiang 等指出既然低温热腐蚀也由液态盐出现，那么高温热腐蚀的腐蚀机理也适用于低温热腐蚀。石声泰总结了 MCrAlY 涂层以及 Ni 基、Co 基合金的低温热腐蚀现象，按形成低熔点共晶盐的方式不同将低温热腐蚀分为两类：一类是由基体金属氧化物发生硫化生成二元或者三元的低熔点共晶盐所引起的，另一类是由金属和硫酸盐沉积物反应生成的共晶盐所引起的。

Luthra[44] 详细地研究了低温热腐蚀现象。首先，他们研究了 Co – 30Cr 和 Ni – 30Cr 在 600 ~ 900℃ 温度范围内，在三氧化硫和氧气的混合气氛中的热腐蚀行为。结果表明，腐蚀过程中 Ni 的氧化物或 Co 的氧化物瞬时硫化而形成了低熔点共晶盐，加快了腐蚀的速度。Luthra 在此基础上继续对 Co 基合金的热腐蚀行为进行了研究，发现低温热腐蚀过程分为两个阶段：

（1）腐蚀初始阶段，低熔点共晶盐和液相逐渐形成。

（2）腐蚀加速进行的阶段，在这个阶段，S 穿过盐膜向合金内部扩散，金属元素则通过盐膜向外扩散。同时 Co 或者 Co 的氧化物在表面发生溶解并阻碍了保护性氧化膜的生成。

在热腐蚀的研究进程中还涌现出一些其他的腐蚀机理。例如，"协同热腐蚀" 机理和碱性的熔融盐环境下发生的低温热腐蚀机理等。

1.5.3.4　提高抗热腐蚀性能的途径

由于热腐蚀的发生造成金属材料快速损耗，在实际工业中有可能导致灾难性事故，因此如何防止金属材料的热腐蚀就成为一个有实际意义的问题。为提高材料在腐蚀气氛中的抗热腐蚀性能，提高零部件在介质中的使用寿命，在使用过程中，防止或降低金属热腐蚀的措施有如下几项：

（1）控制环境中的盐和其他杂质的含量。环境中的硫与氯化钠是导致金属发生热腐蚀的主要环境因素。

（2）选择适当的抗热腐蚀的合金。从材料本身来讲，通过在合金中添加一些合金元素来促进稳定的氧化物的形成，可降低合金的热腐蚀速度。

（3）合金表面施加防护涂层。MCrAlY（M = Ni，Co 或 Ni + Co）包覆涂层具有优良的综合性能，包括抗氧化、抗硫化和抗热腐蚀性能。

1.5.3.5　热腐蚀的研究进展

早在 20 世纪 40 年代，在锅炉、内燃机、汽轮机、燃烧流化床、垃圾焚烧炉中就发现有许多热腐蚀现象，但热腐蚀并未受到广泛重视。直到 60 年代的越南战争中，在海洋环境中执行任务的军用飞机的涡轮发动机遭受了严重的热腐蚀时，热腐蚀问题才引起人们的广泛关注。迄今为止，热腐蚀的现象和作用机制已得到了广泛的研究，Stringer[45] 和 Rapp[46] 给予了全面的描述。通常认为，Na_2SO_4 是热腐蚀中最常见的腐蚀因子，在实际工业环境中，它常常产生于燃烧含硫、钠的低质燃料，在海洋环境中还会发生下列反应：

$$2NaCl + SO_2 + 1/2O_2 + H_2O \longrightarrow Na_2SO_4 + 2HCl \qquad (1-11)$$

$$2NaCl + SO_3 + H_2O \longrightarrow Na_2SO_4 + 2HCl \qquad (1-12)$$

由此产生的 Na_2SO_4 会连同海盐粒子沉积在高温热端部件的表面，从而产生破坏作用。

由于发生热腐蚀的必要条件是金属表面覆盖一层液态盐膜，因此大多数早期关于热腐蚀的研究都是集中在 Na_2SO_4 的熔点温度以上（884℃）[47]，这类热腐蚀也被称为高温热腐蚀或 Ⅰ 型热腐蚀。针对高温热腐蚀的模型很多，最早的模型是 Simons 等人[40] 在 1955 年提出的硫化 – 氧化机理模型。

有些研究发现，在硫化模型中，硫化物并不比合金本身氧化得更快，还有的研究发现，利用不含硫的沉积盐对合金进行腐蚀会产生和 Na_2SO_4 腐蚀时同样的效果，因此认为，热腐蚀过程与硫的存在与否无关。继硫化模型提出以后，大量的实验表明，热腐蚀过程取决于 Na_2SO_4 盐膜的存在使氧化膜遭到溶解破坏，于是在 1970 年，Stringer[42] 提出酸碱熔融模型，Goebel 等还有 Rapp 和 Goto 等又将其进一步完善，该模型目前被广为接受。

但是近年来，我国的许多学者通过大量实验，指出了酸碱熔融模型的局限性：在一些实验中发现热腐蚀盐熔模型与实测热腐蚀动力学不完全相符；盐膜中存在金属氧化物溶解度的负梯度并不是热腐蚀持续发展的必要条件，在一些热腐蚀事例中，熔盐层中或者根本没有疏松的金属氧化物的沉积，或者虽有疏松的金属氧化物的沉积，但对热腐蚀反应的贡献颇为有限。1993 年，中国科学院上海冶金研究所的张允书等人提出了热腐蚀的电化学模型，认为热腐蚀实际上是金属和合金在薄熔盐电解质膜下的腐蚀破坏形式，在几何上与薄水溶液电解质膜下的金属和合金的大气腐蚀形式极为类似，即腐蚀在本质上为电化学的腐蚀。曾潮流等对熔盐腐蚀的电化学过程进行了详细的解释。朱日彰等人[48] 认为在热腐蚀过程中，由于晶粒、晶界的差异，金属及合金表面上生成不同的氧化物、硫化物以及硫在氧化膜晶界渗透，应力造成的氧化膜破裂等诸多因素都会引起微电池过程，提出了热腐蚀的微电池模型，强调了微电池作用对热腐蚀动力学将产生重要影响。但是，上述几种模型仍然不是很完善，需进一步研究。

20 世纪 70 年代，人们发现在 Na_2SO_4 的熔点温度以下，材料表面也出现了热腐蚀现象，相对于高温热腐蚀，这种热腐蚀被定义为低温热腐蚀或 II 型热腐蚀。关于低温热腐蚀，一般认为是产生低熔点的共晶盐加速了腐蚀过程。石声泰[49]对 Ni 基合金、Co 基合金和 MCrAlY 涂层的低温热腐蚀现象进行了总结。Pettit、Luthra 等人[50,51]也认为，低温热腐蚀是由于形成低熔点的 $CoSO_4$ – Na_2SO_4 和 Na_2SO_4 – $NiSO_4$ 液相共晶盐，并提出因为低温热腐蚀也在液态盐中进行，高温热腐蚀的腐蚀机制也同样适用于低温热腐蚀的观点。

近年来我国学者在涂层领域的热腐蚀研究也比较活跃，特别是对纳米涂层研究更是取得了较大的进展[52~54]。在热腐蚀的研究进展中还有许多特殊的腐蚀机制被提出，如 Hwang 和 Rapp 提出的碱性条件下发生的低温热腐蚀机制等都非常有代表性。

总的看来，由于影响热腐蚀发生的因素非常多，诸如合金成分、合金的工艺条件，腐蚀沉积盐的成分、沉积量和沉积速度，腐蚀气体的成分和流速，腐蚀温度、温度循环及冲蚀等，导致热腐蚀行为非常复杂，很多现象至今尚未得到很好的解释。

1.6　P92 钢发展面临的问题及应用前景

在超超临界机组的建设过程中，技术是多方面的，但开发工艺性好、热强性高、价格低廉的材料是关键的问题。目前，铁素体不锈钢以其具有线膨胀系数小、导热性好、抗应力腐蚀能力强、工艺性良好和抗疲劳性能好的特点，成为了设计与制造蒸汽轮机的首选结构材料。然而目前还没有一种铁素体不锈钢，在 650℃ 以上能够满足新一代超超临界机组部件要求的抗氧化性能和高的蠕变强度，这是阻碍火电发展的重要原因，也是大力推进节能减排的瓶颈。

P92 钢在 630℃ 以下具有较强的蠕变强度和抗氧化性，但当温度超过 630℃ 时，在其蠕变强度满足要求的情况下，抗氧化性、热腐蚀性能急剧恶化。氧化皮大量的脱落，使发电机组效率大幅下降，甚至造成事故的发生。因此，大幅度提高铁素体不锈钢在 630℃ 以上的长期抗氧化性能具有巨大的意义，是提高火电发电效率的关键技术。随着表面技术的迅速发展，制备出性能优良的高温涂层是提高 P92 铁素体耐热钢抗高温氧化性能的有效而简单可行的技术途径。

P92 作为超超临界钢，在发电机组锅炉管、过热器管道得到了广泛的应用。焊接作为常用的连接技术，在管道连接中起着关键的作用。在焊接过程中，P92 钢会产生 IV 型裂纹、接头韧性差等相关问题，因此研究 P92 钢的焊接 CCT 及焊接接头的组织性能，对 P92 钢的实际焊接工艺的制定及焊接接头组织性能的评估起着重要的作用。

P92 钢在生产过程中，要进行锻造、挤压等热加工。因此结合 P92 钢的实际生产工艺流程，研究 P92 钢的高温力学性能，对于预防 P92 钢铸锭裂纹，提高 P92 钢在实际生产过程中的热加工能力，促进超超临界钢的进一步发展起到至关重要的作用。

P92 钢属于多元强化铁素体钢，合金元素对其强化作用起着至关重要的作用。在生产过程中，P92 钢需要经过各种热处理来改善材料的组织及性能，以满足其使用要求。在热处理过程中，材料的组织状态会发生一系列的改变；另外，P92 钢在高温长期服役的过程中，组织状态也会发生一系列的变化，进而影响材料的性能。因此，模拟实际生产中热处理的各种状态，了解不同状态下基体组织及析出相的变化规律，可以为提高实际应用状态下 P92 钢的性能奠定坚实的理论基础。

参 考 文 献

[1] Rojas D, Garcia J, Prat O, et al. 9% Cr heat resistant steels: alloy design, microstructure evolution and creep response at 650℃ [J]. Mater. Sci. Eng. A, 2011, 528 (15): 5164~5176.

[2] Spigarelli S, Quadrini E. Analysis of the creep behaviour of modified P91 (9Cr－1Mo－NbV) welds [J]. Mater. Des., 2002, 23 (6): 547~552.

[3] Hald J. Microstructure and long－term creep properties of 9%－12% Cr steels [J]. Int. J. Pres. Ves. Pip., 2008, 85 (1): 30~37.

[4] 赵钦新, 顾海澄, 等. 国外电站锅炉耐热钢的一些进展 [J]. 动力工程, 1998, 18 (1): 3.

[5] 杨勤明. 中国火电建设发展史 [J]. 电力建设, 2008, 29 (4): 1~12.

[6] Agüero A, González V, Gutiérrez M, et al. Oxidation under pure steam: Cr based protective oxides and coatings [J]. Surface & Coatings Technology, 2013, 237: 30~38.

[7] 赵莉萍. 金属材料学 [M]. 北京: 北京大学出版社, 2012.

[8] Chen G H, Zhang Q, Liu J J, et al. Microstructures and mechanical properties of T92/Super304H dissimilar steel weld joints after high－temperature ageing [J]. Materials and Design, 2013, 44: 469~475.

[9] Giroux P F, Dalle F, Sauzay M, et al. Mechanical and microstructural stability of P92 steel under uniaxial tension at high temperature [J]. Materials Science and Engineering A, 2010, 527: 3984~3993.

[10] Jin S X, Guo L P, Li T C, et al. Microstructural evolution of P92 ferritic/martensitic steel under Ar⁺ ion irradiation at elevated temperature [J]. Materials Characterization, 2012, 68 (1): 63~70.

[11] Li S Z, Eliniyaz Z, Sun F, et al. Effect of thermo－mechanical treatment on microstructure and

mechanical properties of P92 heat resistant steel ［J］. Materials Science & Engineering A, 2013, 559: 882～888.

［12］ 池作和, 岑可法. 锅炉和热交换器的积灰、结渣、磨损和腐蚀的防止原理与计算［M］. 北京: 科学出版社, 1995.

［13］ 刘宗昌, 等. 冶金厂热处理新技术［M］. 北京: 冶金工业出版社, 2010.

［14］ Guo X F, Gong J M, Jiang Y, et al. The influence of long－term aging on microstructures and static mechanical properties of P92 steel at room temperature［J］. Mater. Sci. Eng. A, 2013, 564: 199～205.

［15］ Korcakova L, Hald J, Somers M A J. Quantification of laves phase particle size in 9CrW steel ［J］. Mater. Characterization, 2001, 47 (2): 111～117.

［16］ Yrostková V, Homolová V, Pecha J, et al. Phase evolution in P92 and E911 weld metal during ages［J］. Mater. Sci. Eng., 2008, 480 (1～2): 289～298.

［17］ Shi R X, Liu Z D. Hot deformation behavior of P92 steel used for ultra－super－critical power plants［J］. J. Iron and Steel Res., 2011, 18 (7): 53～58.

［18］ Yurechko M, Schroer C, Skrypnik A, et al. Creep－to－rupture of the steel P92 at 650℃ in oxygen－controlled stagnant lead in comparison to air［J］. J. Nucl. Mater., 2013, 432: 78～86.

［19］ Nie M, Zhang J, Huang F, et al. Microstructure evolution and life assessment of T92 steel during long－term creep［J］. J. Alloys Compd., 2014, 588: 348～356.

［20］ Isaac Samuel E, Choudhary B K, Rao Palaparti D P, et al. Creep deformation and rupture behaviour of P92 steel at 923 K［J］. Procedia. Eng., 2013, 55: 64～69.

［21］ Wang X, Pan Q G, Liu Z J, et al. Creep rupture behaviour of P92 steel weldment［J］. Engineer Failure Analysis, 2011, 18 (1): 186～191.

［22］ 崔忠圻. 金属学与热处理［M］. 北京: 机械工业出版社, 2005: 379.

［23］ 时海芳, 任鑫. 材料力学性能［M］. 北京: 北京大学出版社, 2010: 20～22.

［24］ 吴道洁. P92 钢表面 Ni_2Al_3/Al 复合防护涂层的制备及其热稳定性机理研究［D］. 武汉: 武汉科技大学, 2012.

［25］ 孙蓟泉, 张帆, 赵爱民, 等. 热轧辊工作层的氧化动力学［J］. 材料热处理学报, 2014, 35 (7): 156～160.

［26］ 纪显斌. 汽车钢板的氧化热力学及动力学分析［D］. 武汉: 武汉科技大学, 2010.

［27］ 李鹏兴. 表面工程［M］. 上海: 上海交通大学出版社, 1989: 2～3.

［28］ Xiang Z D, Zeng D, Zhu C Y, et al. Degradation kinetics at 650℃ and lifetime prediction of Ni_2Al_3/Ni hybrid coating for protection against high temperature oxidation of creep resistant ferritic steels［J］. Corrosion Science, 2011, 53: 3426～3434.

［29］ Xiang Z D, Rose S R, Datta P K. Low－temperature formation and oxidation resistance of nickel aluminide/nickel hybrid coatings on alloy steels［J］. Scripta Materials, 2008, 59: 99～102.

［30］ Zheng L, Peng X, Wang F. Comparison of the dry and wet oxidation at 900℃ of $\eta - Fe_2Al_5$ and $\delta - Ni_2Al_3$ coatings［J］. Corrosion Science, 2011, 53 (2): 597～603.

[31] Xiang Z D, Datta P K. Relationship between pack chemistry and aluminide coating formation for low – temperature aluminisation of alloy steels [J]. Acta Materialia, 2006, 54: 4453～4463.

[32] Xiang Z D, Rose S R, Datta P K. Long term oxidation resistance and thermal stability of Ni – aluminide/Fe – aluminide duplex diffusion coatings formed on ferritic steels at low temperatures [J]. Intermetallics, 2009, 17: 387～393.

[33] 吴元康. 钢铁和铸铁件的热浸铝新工艺: 中国, 92107530.9 [P]. 1992.

[34] 曾鹏, 蒙继龙. 混合稀土对热浸镀55% Al – Zn 合金涂层抗氧化性能的影响 [J]. 中国稀土学报, 1994, 12 (2): 154～158.

[35] 文九巴, 李全安, 张荣渊, 等. 稀土对热浸渗铝组织和耐腐蚀性影响的研究 [J]. 材料热处理学报, 2002, 23 (3): 69～71.

[36] 文九巴, 胡鹏飞, 李晓源. 稀土铈对热浸渗铝钢耐高温氧化性能的影响 [J]. 热处理, 2005, 20 (1): 18～20.

[37] 黄志荣, 徐宏, 李培宁. 稀土对渗铝 HK40 耐热钢氧化性能的影响 [J]. 稀土, 2002, 23 (1): 38～40.

[38] 张伟, 张战营, 徐国辉, 等. 稀土对渗铝层/基体界面空洞生长和抗高温剥落性能的影响 [J]. 中国有色金属学报, 2005, 15 (10): 1583～1588.

[39] 赵霞, 高丽敏. 预涂稀土涂层制备硼 – 稀土共渗层的组织和性能 [J]. 机械工程材料, 2011, 35 (7): 43～45.

[40] Simons E L, Browning V, Liebhafsky H A. Sodium sulfate in gas turbines [J]. Corrosion, 1955, 11: 505～514.

[41] 朱日彰, 郑晓光. 镍在705℃熔盐中加速腐蚀的研究 [J]. 中国腐蚀与防护学报, 1987, 7 (3): 207～212.

[42] Stringer J. Hot corrosion of high – temperature alloys [J]. Annual Review of Materials Science, 1977, 7: 477～509.

[43] Warnes G M, Pett F S, Merier G H. Hot – corrosion resistance of Ni – Cr – Al – Y and Ni – 18% Si alloys in sulfate eutectic and sulfate plus vanadate melts at 973 K [J]. Oxid. Met., 2002, 58 (5/6): 487～498.

[44] Luthra K L. Low temperature hot corrosion of cobalt – base alloys: Part Ⅱ. reaction mechanism [J]. Metall. Trans., 1982, 13 (5～6) A: 1853～1864.

[45] Stringer J. High – temperature corrosion of superalloys [J]. Mater. Sci. Tec., 1987, 3: 482～493.

[46] Rapp R A. Chemistry and electrochemistry of the hot corrosion of metals [J]. Corrosion, 1986, 42 (10): 568～577.

[47] Goebel J A, Pettit F S. Na$_2$SO$_4$ – induced accelerated oxidation (hot corrosion) of nickel [J]. Metall. Trans., 1970, 1943～1954.

[48] 朱日彰, 何业东, 齐慧滨, 等. 高温腐蚀及耐高温腐蚀材料 [M]. 上海: 上海科学技术出版社, 1995.

[49] Shi S T, Zhang Y S, Li X M. Sub – melting point hot corrosion of alloys and coatings [J]. Mater. Sci. Eng., 1989, 120: 277～282.

[50] Pettit F. Hot Corrosion of metals and alloys [J]. Oxid. Met., 2011, 76: 1~21.

[51] Luthra K L, Shores D A. Mechanism of Na₂SO₄ induced corrosion at 600 ~ 900℃ [J]. J. Electrochem. Soc.: Solid – state Science and Technology, 1980 (10): 2202~2210.

[52] 耿树江, 朱圣龙, 王福会. 纳米化对 K38G 合金 900℃涂盐热腐蚀行为的影响 [J]. 中国腐蚀与防护学报, 2003, 23 (1): 1~6.

[53] Yie S H, Robert A R. Synergistic dissolution of oxides in molten sodium sulfate [J]. J. Electrochem. Soc., 1990, 137 (4): 1276~1280.

[54] Shi L Q. Accelerated oxidation of iron induced by Na₂SO₄ deposits in oxygen at 750℃ – a new type low temperature hot corrosion [J]. Oxid. Met., 1993, 40 (1~2): 197~211.

2 P92 钢的动力学图

动力学图是研究转变速度问题的，如形核和长大速度等，是材料相变理论研究的一个重要方面。动力学的物理内涵有助于推理相变机制，还可以为工艺过程的制定与控制提供依据。因而既有理论意义又有实际应用价值。本章详尽阐述了 P92 钢的各种动力学图的测定依据及变化规律，探究其在不同状态的相变机理。

焊接 CCT 曲线能够准确地描述不同冷却速度条件下钢的组织和性能，从而确定合理的冷却条件，并根据冷却速度条件下的组织性能，结合材料特性及生产工艺条件，对焊接工艺进行合理的设计。同时，在焊接接头中，热影响区常常是接头性能最薄弱的环节。测定并绘制 P92 钢的焊接 CCT 图，对于制定 P92 钢合理的焊接工艺方案、判断工艺参数的可行性，进而为提高热影响区的韧性，避免热影响区裂纹的发生提供有价值的试验依据。

2.1 动力学图的测定方法及影响因素

动力学图的建立是在连续冷却条件下，利用过冷奥氏体连续冷却转变过程中的组织形态和物理性质的变化，通过实验的方法绘制的。

常用测定动力学图的方法有：（1）膨胀法；（2）磁性法；（3）热分析法；（4）金相法；（5）热模拟法。

2.1.1 膨胀法

随着温度的变化，钢铁材料将发生热胀冷缩现象。但当钢发生固态相变时，常伴随着体积的不连续变化，从而引起热膨胀的不连续变化。因此，分析热膨胀现象在研究钢的相变特征方面占有很重要的地位，通过分析热膨胀的变化就可以研究相变的情况。它可用来测定钢在不同温度下的线膨胀系数和不同钢种的各种相变温度。

设某物体 $0\,℃$ 时的长度为 L_0，则其在 $t\,(℃)$ 时的长度 L_t 为：

$$L_t = L_0(1 + \alpha t + \beta t + \cdots) \tag{2-1}$$

这是一个经验公式，其中 α、β 为物体的材料常数，一般 β 及其后面的项都很小，可忽略不计，上式可简化为：

$$L_t = L_0(1 + \alpha t) \tag{2-2}$$

求其微分，可得：

$$\frac{\mathrm{d}L_t}{\mathrm{d}t} = \alpha L_0 \quad 或 \quad \alpha = \frac{1}{L_0} \times \frac{\mathrm{d}L_t}{\mathrm{d}t} \tag{2-3}$$

式中，α 为该材料在 $t(℃)$ 时的线膨胀系数，简称线胀系数，当只需要某给定范围内的平均线胀系数时，则是：

$$\overline{\alpha} = \frac{1}{L_0} \times \frac{L_2 - L_1}{t_2 - t_1} \tag{2-4}$$

式中，L_1 和 L_2 分别为试样在温度 t_1 和 t_2 时的长度。

　　上述情况只是在加热和冷却过程中材料不发生相变时才有效。若有相变发生，则由于新旧两相的结构不同、比容不同，材料的体积将发生不连续变化，因而热膨胀曲线在相变发生的温度处形成拐点。根据此拐点，就可以比较容易地确定各种相变点。

　　钢中各种组织的比容关系是：奥氏体 < 铁素体 < 珠光体 < 贝氏体 < 马氏体。从图 2-1 亚共析钢加热和冷却时的膨胀曲线示意图中可看出，加热过程中，当发生铁素体和珠光体向奥氏体转变时，由于奥氏体的比容比铁素体和珠光体都小，试样体积将减小，引起膨胀曲线收缩，待全部转变为奥氏体后，曲线上就出现了两个拐点，从这两个拐点就可以确定出 A_{c1} 和 A_{c3}。冷却过程中，当从奥氏体中析出的铁素体和奥氏体转变为珠光体时，试样体积将增大，引起膨胀曲线膨胀，当奥氏体全部转变为铁素体和珠光体后，膨胀曲线又随温度的降低继续收缩，从而也出现两个拐点，并可根据拐点确定 A_{r1} 和 A_{r3}。同理，当冷却速度足够大，发生奥氏体向马氏体的转变时，同样会引起膨胀曲线的变化而出现拐点，由此可确定 M_s 和 M_f。如上所述，若测出不同等温温度下各拐点的时间和不同冷却速度下各拐点的温度，就可测绘出钢的过冷奥氏体转变曲线，即等温转变曲线（TTT 曲线）和连续冷却转变曲线（CCT 曲线）。

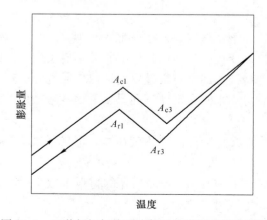

图 2-1　亚共析钢加热和冷却时的膨胀曲线示意图

2.1.1.1 临界点的确定

从膨胀曲线上确定临界点的方法通常有以下几种：

（1）顶点法：顶点法是取膨胀曲线上拐折最明显的顶点作为临界点。这种方法的优点在于拐点明显，容易确定。但这种方法确定的临界点并不是真正的临界点，它确定的转变开始温度比真实的高，而转变结束温度又比真实的低。

（2）切线法：是取膨胀曲线直线部分的延长线与曲线部分的分离点作为临界点。这种方法的优点是热膨胀曲线上的纯热膨胀（或纯冷收缩）的直线段延长，以曲线开始偏离的位置即切点所对应的温度作为相变点，即临界点。这种方法的优点是符合金属学原理，只是判断相变温度的位置很容易受观测者主观因素的影响，但对工业有足够高的准确度，使用也很方便。但由于分离点的确定有一定的随意性，需多测量几次取平均值。

（3）切角法：如果曲线过渡圆弧的曲率半径很大，并且温度范围很小，不存在直线段，则可利用作图法，作与温度成某一角度的线。当然，这带有相当的随意性。

（4）平均法：如曲线圆滑出现拐点时，以两边直线部分延长所形成的等分线与曲线的交点作为相变点，其对应的温度为相变温度。由于被测样在冷却过程中会受到很多因素的干扰，因此对于临界冷却速度下的转变点，需要辅以金相法，通过观察金相组织来修正，以便准确确定。

2.1.1.2 膨胀曲线分析

钢的奥氏体在连续冷却过程中，要通过高温、中温、低温几个转变区域，因此，得到的组织往往是混合组织，识别这种组织可观察金相和测定组织的显微硬度或借助于电镜、X光结构分析等。但分析膨胀曲线和观察金相组织是确定转变型的主要方法。钢铁试样在加热和冷却时，试样长度的变化是由两部分叠加而成的，即：$\Delta L = \Delta L_热 + \Delta L_相$，其中，$\Delta L_热$ 为试样由热胀冷缩引起的长度变化；$\Delta L_相$ 为试样由相变体积效应引起的长度变化；ΔL 为试样加热或冷却时，以上两者叠加结果引起的长度总变化。当不发生相变时，$\Delta L_相 = 0$，所以 $\Delta L = \Delta L_热$。但是发生相变时，由于钢中各相的比容不同，膨胀曲线就出现拐折。而钢中珠光体、贝氏体、马氏体转变发生在不同的温度范围，所以冷却膨胀曲线上的拐折也应会出现在不同的温度范围内。因此，可以根据膨胀曲线上拐折所处的温度范围，来判断该拐折处发生了什么类型的转变。例如铁素体析出和珠光体转变一般在 750 ～ 550℃ 范围内，贝氏体转变一般在 550℃ ～ M_s 点之间，M_s 点以下为马氏体转变。当然这只是基本的判断方法，例如有些钢种的贝氏体转变可发生在 600℃ 左右；马氏体转变与含碳量有关，含碳量越低，马氏体转变温度越高，因此还必须用金相进一步判断其组织及其形貌。

对于亚共析钢，冷却时典型的膨胀曲线如图 2－2 所示。图中 *ab* 段相当于先共析铁素体析出，bc 段为珠光体转变。因为珠光体的比容大于铁素体，所以 bc 段的斜率大于 ab 段，b 点处有较明显的折点，此点 b 应对应珠光体转变开始温度。但对于某些钢种，在实际测量中，b 点很不明显，为此可用金相法来确定珠光体转变开始温度。

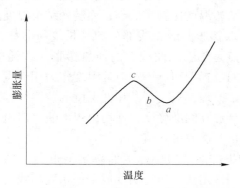

图 2 - 2　亚共析钢冷却时无贝氏体转变的膨胀曲线

当既有铁素体、珠光体转变，又有贝氏体转变时，通常的膨胀曲线如图 2 - 3 所示。图中 ab 段对应铁素体、珠光体转变，cd 段对应贝氏体转变。这时膨胀曲线中间部分的直线段 bc 的斜率就有意义了。由于奥氏体的比容最小，所以上部直线段 aa' 的斜率应最大，如果在 b 点铁素体、珠光体转变中止，那么直线段 bc 的斜率应由铁素体、珠光体和未转变的奥氏体决定，它应比上部直线段 aa' 的斜率小，而比下部直线段 dd' 的斜率大。因为在 bc 段未转变的奥氏体已转变成贝氏体，dd' 段的斜率由铁素体、珠光体和贝氏体决定。因此当三段直线部分的斜率表现为 $aa' > bc > dd'$ 时，就表示高温转变区和中温转变区断开，中间有一段奥氏体的稳定区。在 SH - CCT 曲线图上，这两部分转变区分开，中间有一点转变中止区。反之，如果中间段 bc 的斜率比下段 dd' 的斜率还小，即 $aa' > bc < dd'$，则说明 bc 段一直在相变，直到 c 点贝氏体转变开始。这说明此处不存在奥氏体稳定区，在焊接 CCT 曲线图中铁素体、珠光体转变区和贝氏体转变区未分开，中间不存在转变中止区。此时在取点时 b 点要舍去。同理，也可以判断贝氏体转变区和马氏体转变区是否断开。总之，按照各组织比容不同所引起的膨胀曲线斜率的变化，可分析各种不同形状的膨胀曲线来判断相变情况。但由于膨胀曲线的形状受很多因素的影响，如加热和冷却速度、合金元素、碳化物的溶解和析出和相变热效应等。因此对某一具体膨胀曲线要仔细、认真地分析、判断，当难以确定转变点和转变类型时，要与其他手段相结合，做出正确的判断。

2.1.2　磁性法

奥氏体在任何温度下均为顺磁性的，而它的转变产物如铁素体（在居里点

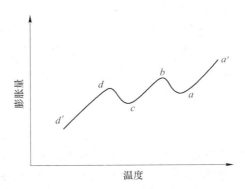

图 2 - 3 亚共析钢冷却时有贝氏体转变的膨胀曲线

A_2 以下)、珠光体、贝氏体、马氏体都是铁磁性的。因此过冷奥氏体在 A_2 温度以下等温或降温时，将发生由顺磁性向铁磁性的变化。基于这种原理来测量钢的过冷奥氏体等温转变曲线，即为磁性法。利用磁性法来测量钢的等温转变曲线的仪器主要是热磁仪。

2.1.3 热分析法

物质在升温和降温的过程中，如果发生了物理的或化学的变化，有热量的释放和吸收，就会改变原来的升、降温进程，从而在温度记录曲线上有异常反映，这称之为热效应。钢发生熔化、凝固或者发生固态相变时，也会有热效应发生。热分析法就是利用钢相变时的热效应来研究它的相变过程的。

热分析曲线可提供试样内部转变开始温度、转变终止温度、转变速度、转变潜热等信息，用以研究钢中的各种变化。但热分析法比较适合用于潜热大和转变速率快的过程，如钢的熔化和凝固，而不大适用于潜热小和转变速率慢的过程，如大部分扩散型的固态相变。相对来说，钢中马氏体转变的潜热较大，转变速率也较快。因此学者曾经研制和使用热分析仪用于测量钢的马氏体点。当被测试样被奥氏体化后，从下方吹入高压氮气使其快速冷却，记录仪上记录下来的 T（温度）$- t$（时间）曲线会在马氏体相变处产生拐折，根据此拐折可以确定钢的马氏体点 (M_s)。

2.1.4 金相法

膨胀法、磁性法和热分析法只能从各种曲线上分析奥氏体转变产物的类型和数量，不能进行直接观察，尤其是在某些关键部位，由于转变数量较少等因素的影响，在曲线上反映不明显，因而准确度受到影响。金相法测量尽管所需试样多，工作量大，但可直接进行观察，因而比较准确。所以金相法往往作为其他方法的一种补充和必要的校准手段，用于提高测量的准确度。

金相法可测定焊接 CCT（SH – CCT）曲线。工作原理是将一组试样奥氏体化后，按同一冷却速度冷却，然后分别在不同的温度取一个试样急冷，观察金相组织，由此可找到同一冷速下的转变开始和结束温度范围。根据不同冷速下冷至不同温度的组织变化确定转变开始和结束温度范围，可绘制出 SH – CCT 曲线。这种方法仅适用于淬透性较好的合金钢。

用膨胀法测定 SH – CCT 曲线时，个别低碳钢和低合金钢的珠光体转变开始温度在膨胀曲线上反映很不明显，所以珠光体转变开始线很难确定，这时可以辅以金相法来确定珠光体转变开始线。把一组试样按同一冷速冷却到估计的珠光体转变开始温度上下后，分别急冷，观察金相组织。若开始急冷的温度高于珠光体转变开始温度，其组织为铁素体和马氏体；低于此温度，其组织为铁素体和马氏体再加较多的珠光体。只有当某一试样的组织为在铁素体和马氏体的基体上有 1 ~ 2 "个" 珠光体时，该试样开始急冷的温度就是珠光体的转变开始温度。测出若干个不同冷速下的珠光体转变开始温度，则珠光体转变开始线就可以确定下来。

2.1.5 热模拟法

热模拟法是利用热模拟试验装置与各种相变测定仪配合（有的为一体）测定 CCT 图的方法。热模拟试验装置形式很多，从加热方式来看，主要有两种：一种是电阻式，如 Gleeble – 1500；另一种是高频感应式等。热模拟法可以测定焊接 CCT 图，在测量中，热模拟试验装置应能按照预定的焊接热循环曲线模拟焊接热过程，越精确越好。目前，有些设备装有程序控制系统，可以保证预先指定焊接热循环的再现性。

测量时，用待测钢做成具有一定尺寸要求的试件，将试件放在热模拟试验装置中加热。当温度达到预定的焊接热循环最高温度以后，将试件分别置于具有不同冷却条件的介质中冷却，例如，利用喷射氮气或氩气来调整冷却速度等，如冷却速度比空气冷却更慢，可用电子计算机控制匀速冷却。与此同时，用温度测定、记录装置测出温度（T）– 时间（t）曲线，并用相变测定仪测出相变点。

焊接热影响区 CCT 图如同热处理用 CCT 图一样，也是以金属固态相变时物理性能（如热膨胀、磁性和电导率等）的变化和相变热效应为基础来测定的。但是对加热方法有一些特殊要求，如加热速度要快，加热温度要高，能实现对焊接热循环的模拟等。

2.1.6 动力学图的影响因素

动力学图主要包括 TTT 图与 CCT 图。在实际生产中，CCT 图的应用更广泛。通常情况下，连续冷却转变曲线图位于等温转变图的右下方。条件不同，曲线的位置、形状等都会发生改变，主要影响动力学图的因素有以下几个方面：

（1）奥氏体成分的影响。

首先是含碳量的影响，主要表现在以下几个方面：

1）奥氏体含碳量越高，马氏体开始转变的温度点 M_s 点越低。

2）贝氏体转变的孕育期越长，贝氏体转变速度越慢。

3）在亚共析钢中，随着含碳量的增加，过冷奥氏体稳定性增高，孕育期变长，珠光体转变减慢；过共析钢中，随着含碳量的增加，过冷奥氏体的稳定性减小，孕育期缩短，转变速度加快。

其次是合金元素的影响。

1）溶入 A 中的合金元素，除 Al 和 Co 外，所有的其他合金元素都增大奥氏体的稳定性，使曲线右移。作用大小由强到弱为：Mo、W、Mn、Ni、Si、Al、B；改变曲线位置，不改变形状的合金元素有：Ni、Si、Cu 及 Mn；改变 C 曲线位置，改变形状的合金元素有：Cr、Mo、W、V、Ti。

2）碳化物形成元素 V、Ti、Nb、Zr 等形成稳定的碳化物时，不溶入奥氏体；降低过冷奥氏体的稳定性，使曲线左移。

（2）奥氏体状态的影响。

1）原始组织的影响：钢的原始组织越细小，奥氏体分解时的形核部位越多，奥氏体的稳定性越低，孕育期越短，转变速度也就越快，曲线左移。钢的原始组织越均匀，使 C 曲线右移。

2）奥氏体化条件的影响：奥氏体化温度越高，保温时间越长，奥氏体晶粒越粗大，碳化物溶解越多，奥氏体越稳定，转变速度越低，曲线将向右移。加热速度越快，保温时间越短，未溶的第二相越多，奥氏体的成分越不均匀，等温转变越快，曲线左移。

3）应力和塑性变形的影响：使奥氏体承受拉应力，促进奥氏体转变，使奥氏体承受等向压应力，阻碍奥氏体的转变；进行塑性变形，使奥氏体中的位错密度增加，奥氏体分解的形核部位增多，使转变速度加快。同时，形变有利于碳化物弥散析出，奥氏体中的碳和合金元素贫化，促进奥氏体转变，曲线向左移。

2.2 P92 钢的临界点

2.2.1 试验方案

将 P92 钢制成 ϕ6mm×90mm 的标样。通过热模拟机 Gleeble–1500，采用的热模拟工艺参数为[1]：加热速度 1℃/s，峰值温度为 1000℃，保温时间 2min，冷却速度 2℃/s。

2.2.2　相变临界点的确定

采用 Gleeble – 1500 热模拟实验机测定 P92 钢，得到的膨胀曲线如图 2 – 4 所示。

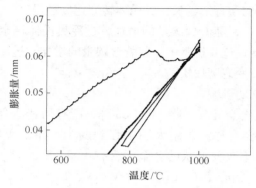

图 2 – 4　P92 钢的膨胀曲线

利用热膨胀曲线，得出 P92 钢发生相变时的体积变化点，从对应的温度得出其相变临界点温度。由图 2 – 4 得出，P92 钢的相变临界点 A_{c1} 点约为 845℃，A_{c3} 点约为 945℃。因 P92 钢中含有大量的合金元素，合金元素改变相变点的位置。这些合金元素中的奥氏体形成元素 Ni 和 Mn 使共析温度 A_1 向下移动，铁素体形成元素 Cr 和 Mo 使共析温度 A_1 向上移动，P92 钢中 Cr、Mo 含量较 Ni 和 Mn 的含量大得多，起主要作用，所以 P92 钢的 A_1 要向上移动[2]。合金元素对 A_3 的影响原理与 A_1 的相同。因此 P92 钢的 A_{c1} 和 A_{c3} 分别在铁碳相图 A_1 和 A_3 的上方。

2.3　P92 钢的 CCT 图

P92 钢的 CCT 图如图 2 – 5 所示，由图可以看出，CCT 图分为两部分，珠光体转变与马氏体转变。该钢没有出现中温贝氏体转变区，这与所含有的合金元素有关。

P92 钢中，含有钨、钼、钒、钛等强碳化物形成元素，与碳原子有较强的结合力，增加了碳原子在奥氏体中的扩散激活能，阻碍碳原子的扩散，因此，推迟了贝氏体转变。贝氏体的 C 曲线被右移到 10^5s 以上，在图中已经消失。不是这种钢没有贝氏体相变，而是贝氏体转变发生在等温 1 天以后，失去了工程价值。

在高温区，P92 钢中大量的合金元素溶入奥氏体中，形成合金奥氏体，随着合金元素数量和种类的增加，奥氏体变成了一个复杂的多组元构成的整合系统，合金元素对奥氏体分解行为，以及铁素体和碳化物两相的形成均产生影响，并对共析分解过程从整体上产生影响。合金奥氏体共析分解而形成的珠光体是由合金

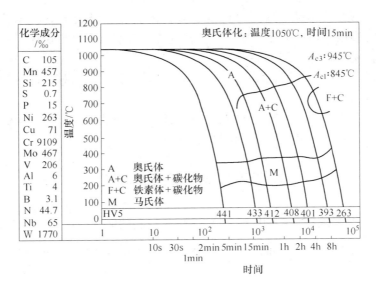

图 2-5　P92 钢的 CCT 图

铁素体和合金渗碳体（或特殊碳化物）两相构成的。从平衡状态来看，非碳化物形成元素（Ni、Si、Al 等）与碳化物形成元素（Cr、W、Mo、V 等）在这两相中的分配是不同的。后者主要存在于碳化物中，而前者则主要分布在铁素体中。因此，为了完成合金珠光体转变，必定发生合金元素的重新分配。

在 P92 钢中，合金元素对珠光体转变的作用可以归纳为以下几点：

（1）强碳化物形成元素钒、铌阻碍碳原子的扩散，主要是通过推迟共析分解时碳化物的形成来增加过冷奥氏体的稳定性，从而阻碍共析分解。

（2）中强碳化物形成元素 W、Mo、Cr 等，除了阻碍共析碳化物的形成外，还增加奥氏体原子间的结合力，降低铁的自扩散系数，这将阻碍 $\gamma \to \alpha$ 转变，从而推迟奥氏体向（$\alpha + Fe_3C$）的分解，也即阻碍珠光体转变。

（3）弱碳化物形成元素 Mn 在钢中不形成自己的特殊碳化物，而是溶入渗碳体中，形成含 Mn 的合金渗碳体（Fe，Mn）$_3$C，由于 Mn 的扩散速度慢，因而阻碍共析渗碳体的形核及长大，同时锰又是扩大 γ 相区的元素，起稳定奥氏体并强烈推迟 $\gamma \to \alpha$ 转变的作用，因而阻碍珠光体转变。

（4）非碳化物形成元素镍对珠光体转变中碳化物的形成影响小，主要表现在推迟 $\gamma \to \alpha$ 转变。镍是扩大 γ 相区，并稳定奥氏体的元素，增加 α 相的形核功，降低共析转变温度，强烈阻碍共析分解时 α 相的形成。

（5）非碳化物形成元素硅和铝由于不溶于渗碳体，在珠光体转变时，硅和铝必须从渗碳体形成的区域扩散开去，是减慢珠光体转变的控制因素。硅还增加铁原子间结合力，增高铁的自扩散激活能，推迟 $\gamma \to \alpha$ 转变。

（6）内吸附元素硼、磷等，富集于奥氏体晶界，降低了奥氏体晶界能，阻碍珠光体的形核，降低了形核率，延长转变的孕育期，提高奥氏体稳定性，阻碍共析分解，使 C 曲线右移。

综合以上作用，P92 钢的 CCT 图中珠光体转变被大大右移，即珠光体转变被抑制。

相反，合金元素溶入奥氏体中，使奥氏体的稳定性加强，使马氏体转变的临界冷速降低，从而使奥氏体更易向马氏体转变。

2.4 P92 钢的焊接 CCT 图

2.4.1 焊接热影响区 CCT 图与热处理用 CCT 图的区别

焊接连续冷却转变图可分为焊接热影响区连续冷却转变图和焊缝金属连续冷却转变图。

首先，焊接热影响区 CCT 图[3] 只适用于热影响区中的某一部分金属（一般是熔合线附近），并不能概括整个焊接热影响区组织的变化，而热处理用 CCT 则不然，一种钢一般只需要一个 CCT 图即可。

焊接热影响区的最高加热温度分布很不均匀，它包括了从金属的熔点一直到稍高于常温的全部温度，而且各点的热循环参数均不相同，因此焊接时在热影响区的不同位置上进行的连续冷却组织转变过程是互不相同的。以钢板厚度为12mm，电弧焊时焊接线能量为 2.75kJ/mm 的亚共析碳钢为例，其热影响区中距熔合线 0mm、1mm、2mm、3mm 和 4mm 处的焊接热影响区 CCT 图如图 2－6 所示。这是一个三轴正交的立体图，它大致概括了随着距熔合线距离的增大，热影响区金属连续冷却组织转变行为发生的变化。图中距熔合线 0mm、1mm、2mm、3mm 和 4mm 处的各点的热过程分别与图 2－7 中示出的第 0 号、1 号、2 号、3号、4 号焊接热循环曲线相对应，距熔合线越近，其最高加热温度越高。

由图 2－6 可以看出，在距熔合线 0mm、1mm 和 2mm 这三处中，0mm 处（即熔合线处）的 CCT 曲线比 1mm 和 2mm 处的 CCT 曲线明显地向左（注：在此即向长时方向）移动，而且 1mm 处的 CCT 曲线与 2mm 处相比也偏向左边。从组织来看，当 0mm 处金属得到铁素体、微细片状珠光体和马氏体组织时，距熔合线 1mm 和 2mm 处的金属完全得到铁素体和珠光体，而且距离 1mm 处得到的铁素体较 2mm 处少，细小片状珠光体为多。这说明 0mm 处金属的淬火倾向最大，1mm 处次之，2mm 处较小，由图 2－7 可知这三处金属经受的最高加热温度都超过了相变点 A_{c3}，但是，最高加热温度不同，其中 0mm 处最高，1mm 处次之，由于 0mm 处金属加热温度最高，因此淬火倾向最大。

此外，从图 2－6 还可以看出，距熔合线 4mm 处的 CCT 曲线也明显地向左移

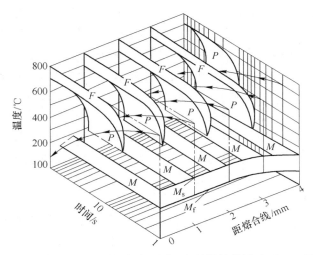

图 2-6　亚共析钢距熔合线不同距离的焊接热影响区 CCT 图

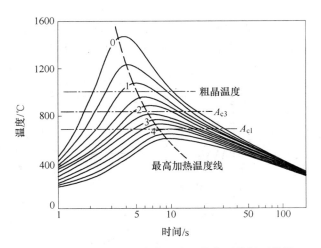

图 2-7　电弧焊时焊接热影响区的典型热循环曲线

0—0mm；1—1mm；2—2mm；3—3mm；4—4mm

动，而且没有先共析转变曲线。这是由于 4mm 处的金属所经受的最高加热温度略高于 A_{c1} 点（图 2-7），所形成的奥氏体含碳量较高，淬硬倾向较大，故使珠光体转变曲线向左移动，M_s 和 M_f 点急剧下降。

　　距离熔合线 3mm 处的金属最高加热温度在 A_{c1} 和 A_{c3} 之间，由于该处的奥氏体冷却转变时，金属中存在始终未转变的铁素体起形核作用，故 CCT 曲线向短时方向移动，降低淬火倾向，同时由于奥氏体中含碳量较高，也延长了完成珠光体转变所需要的时间。

　　由以上论述可知，焊接热影响区是由连续变化的显微组织组成的，因此需要制定一系列最高加热温度的热影响区 CCT 图才能描述整个焊接热影响区的相变行为和特点：这显然是很困难的。为了使问题简化起见，通常只制定出熔合线附近金属的 CCT 图，这是因为熔合线附近金属晶粒很粗大，硬化程度最严重，在许多情况下是产生裂纹、局部脆性破坏的发源地，是最为薄弱的部位。此时，焊接热影响区 CCT 图所标注的最高加热温度在 1250～1400℃的范围内。

　　焊接热影响区 CCT 图与热处理用 CCT 图的另一个显著区别是，两者的测定条件不同，并由此引起曲线位置和形状也不同。由于焊接热影响区 CCT 图是模拟实际焊接条件或在实际施焊的条件下测定的，故在最高加热温度、加热速度、高温停留时间等方面均与热处理用 CCT 图的测定条件有很大的不同；测定焊接热影响区 CCT 图和热处理用 CCT 图所采用的典型的热循环曲线如图 2－8 所示。测定焊接热影响区 CCT 图时，加热进度要比测定热处理用 CCT 图时快很多。测定焊接热影响区 CCT 图，从室温加热到最高温度 T_{max} 的时间为 5～6s，而热处理情况是 120～300s；最高加热温度，对于焊接热影响区 CCT 图为 1300～1350℃，对于热处理用 CCT 图约为 1050℃；在 A_{c3} 以上停留的时间 t_H，对于热处理用 CCT 图为 180～480s，而对于焊接热影响区 CCT 图，$t' = 3.5～4.5s$，$t'' = 3～50s$。图中 1、2、3 曲线表示不同的冷却条件。由于测定条件不同，反映在 CCT 图上必然引起曲线位置、形状的差异。

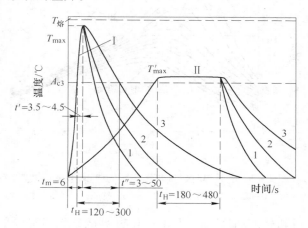

图 2－8　测定 CCT 图时采用的典型热循环曲线

Ⅰ—焊接；Ⅱ—热处理

2.4.2　焊接 CCT 曲线的测定方案

　　将 P92 钢制成 ϕ6mm × 90mm 的标样。为了较好地模拟 P92 钢的焊接过程，选取的热模拟参数为：加热速度为 200℃/s，峰值温度为 1300℃，保温时间

$1s^{[4]}$，然后以 40℃/s 的速度冷却到 950℃保温 5s，之后分别以不同的冷速冷却到不同的温度后断电，随炉冷却至室温取出试样进行检测。其中以 0.01℃/s、0.015℃/s 的冷却速度将其冷却至 500℃ 左右断电冷却至室温，以 0.025℃/s、0.05℃/s 的冷却速度将其冷却至约 300℃断电冷却至室温，以 0.1℃/s、0.5℃/s、5℃/s、20℃/s、35℃/s、40℃/s 的冷却速度冷却至接近室温后断电。测定工艺如图 2 - 9 所示。

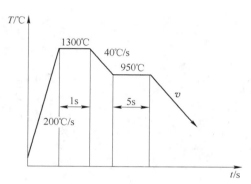

图 2 - 9　P92 钢的 SH - CCT 曲线测定工艺

2.4.3　不同冷却速度对 P92 钢组织及硬度的影响

2.4.3.1　LSCM 组织观察
图 2 - 10 是经相同奥氏体化温度但不同冷却速度下得到的共聚焦显微组织。

由图 2 - 10a ~ e 可看出，P92 钢在 0.01℃/s、0.015℃/s、0.025℃/s、0.05℃/s 冷速中都有类珠光体、马氏体析出，随着冷速的增加，高温珠光体转变被抑制，珠光体的含量减少，马氏体的含量增加。因此，当冷却速度为 0.05℃/s 时，组织中的珠光体数量比 0.01℃/s 冷速下珠光体的数量少，马氏体的数量多。

从图 2 - 10f、j 可知，冷却速度为 0.5℃/s、40℃/s 时，得到的是全部的马氏体 + 残余奥氏体组织。这是因为 P92 钢中含有大量的合金元素，使钢的淬透性增强，容易获得马氏体。当冷却速度达到 0.5℃/s 时，便可得到全部的马氏体组织。

P92 钢从奥氏体化温度开始冷却时，根据自然规律，碳出现浓度涨落，在贫碳区生成共析铁素体，富碳区形成渗碳体，铁素体与渗碳体共析共生，得到类珠光体组织（珠光体是过冷奥氏体分解得到的先共析铁素体和共析碳化物的整合组织，且珠光体的组织形貌多种多样），剩余的过冷奥氏体在冷却的条件下生成板条马氏体和残余奥氏体。

因为 P92 钢中含有大量的合金元素，且 P92 钢中的碳含量较少（0.07% ~ 0.13% C），合金元素大量溶解于奥氏体中，使 P92 钢的淬透性急剧增强，所以 P92 钢在较慢的冷却速度下就可以得到马氏体。P92 钢为低碳钢，所以生成的马氏体为板条状。过冷奥氏体向马氏体转变为不完全转变，所以存在残余奥氏体。P92 钢中含有强碳化物形成元素，在冷却过程中，析出相不断析出，弥散地分布在板条马氏体上。

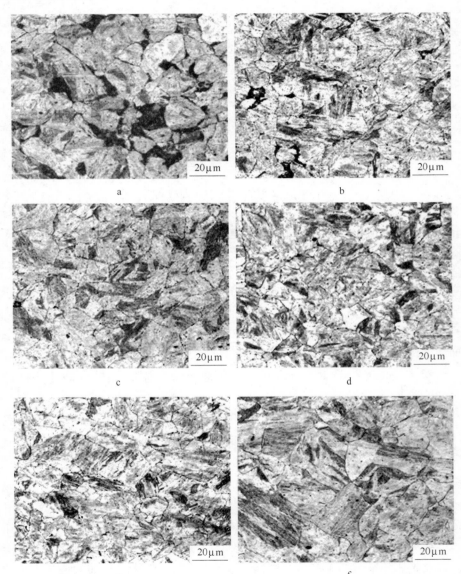

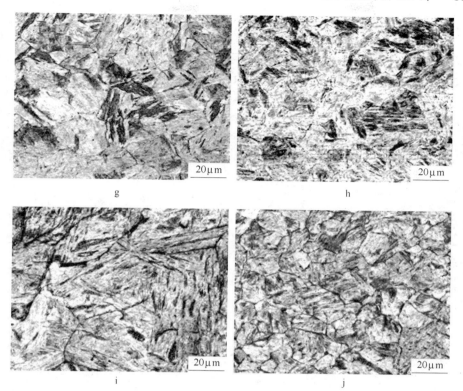

图2-10　P92钢在不同冷速下得到的共聚焦显微组织（LSCM）
a—0.01℃/s；b—0.015℃/s；c—0.025℃/s；d—0.05℃/s；e—0.1℃/s；
f—0.5℃/s；g—5℃/s；h—20℃/s；i—35℃/s；j—40℃/s

随着冷却速度的增加，类珠光体组织的析出被抑制，使类珠光体含量逐渐降低，而马氏体含量逐渐增加。在马氏体转变区中，随着冷却速度的增大，马氏体板条变细变窄。由图2-10f~j可以看出，P92钢在0.5℃/s、5℃/s、20℃/s、35℃/s、40℃/s冷速下有板条马氏体、碳化物和残余奥氏体形成。随着冷却速度的增加，板条马氏体含量逐渐增加，并且马氏体板条变细变窄。

2.4.3.2　SEM组织观察

为了更加清晰地观察分析不同冷却速度下的显微组织，对不同冷速下的组织进行了SEM电镜观察，如图2-11所示。

由图2-11a~d可以明显看出，在0.01~0.05℃/s的冷却速度下，组织为类珠光体和马氏体的整合组织。P92钢属于亚共析钢，在较慢的冷速下，先发生共析分解，形成类珠光体组织；随着冷却过程的进行，未转变的剩余过冷奥氏体转变为马氏体，即随着冷却速度的增加，珠光体含量下降，马氏体含量增加；当冷却速度达到0.5℃/s时，冷却速度超过其临界冷却速度，得到大量的马氏体和少量的残余奥氏体组织，这与共聚焦显微分析相一致，如图2-11f所示。

　　P92 钢属于低碳高合金钢，含有大量的合金元素，在所含合金元素中，W、V、Nb 属于强碳化物形成元素，P92 钢在缓慢冷却过程中，优先析出碳化物，随着温度的继续下降，在缓慢冷却时，各元素的扩散能够充分进行，扩散型相变可以发生，形成类珠光体组织。大量合金元素的作用使 P92 钢的淬透性增加，随着冷却速度的增加，当冷却速度为 0.5℃/s 时，冷速大于马氏体转变临界冷速，马氏体组织形成，而马氏体转变属于不完全相变，伴随有残余奥氏体形成，最终形成马氏体 + 残余奥氏体组织 + 碳化物。

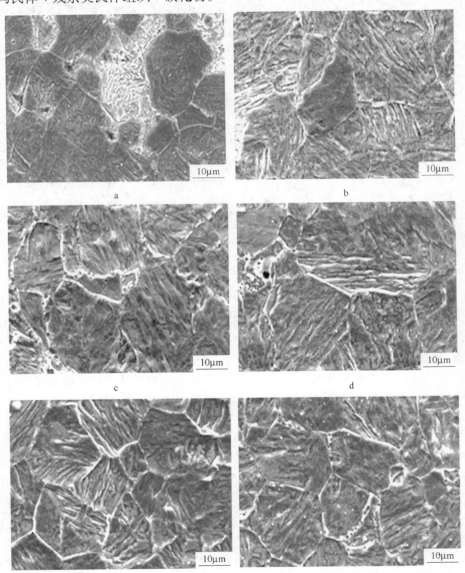

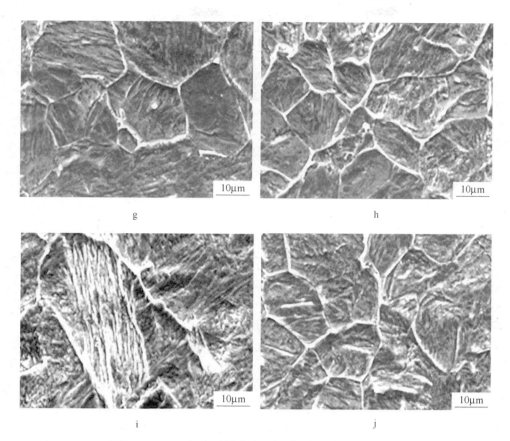

图 2-11　P92 钢在不同冷速下得到的扫描组织（SEM）

a—0.01℃/s；b—0.015℃/s；c—0.025℃/s；d—0.05℃/s；e—0.1℃/s；
f—0.5℃/s；g—5℃/s；h—20℃/s；i—35℃/s；j—40℃/s

2.4.3.3　不同冷却速度对 P92 钢显微硬度的影响

为了进一步确定不同冷却速度下 P92 钢得到的显微组织，利用 HMV-2T 显微硬度计对不同冷速下得到的组织进行显微硬度测定。显微硬度计使用载荷为 0.98N，每一冷却速度下对不同组织的区域进行 3~5 次测量，取其平均值。以 0.015℃/s 冷却速度的试样组织为例。组织中有黑色、灰色两种区域组织，经测量，黑色组织的显微硬度约为 $292HV_{0.1}$，灰色组织的显微硬度约为 $377HV_{0.1}$。据文献 [5] 可知，与 P92 钢成分相似的钢种获得马氏体硬度约为 $400HV_{0.1}$，铁素体的显微硬度约为 $180HV_{0.1}$，珠光体的显微硬度约为 $330HV_{0.1}$。对比分析可知，P92 钢在 0.015℃/s 冷却速度下得到的组织为类珠光体和马氏体组织，与组织分析相吻合。以相同的原理测得不同冷却速度下的显微硬度如表 2-1 所示。

表 2 – 1 P92 钢在不同冷速下的显微硬度值

冷却速度/℃·s⁻¹	黑色组织显微硬度（HV）				灰色组织显微硬度（HV）			
	1	2	3	平均	1	2	3	平均
0.01	278	289	281	283	344	348	343	345
0.015	293	273	310	292	386	371	375	377
0.025	302	327	316	315	388	411	402	400
0.05	336	367	364	355	396	390	409	398
0.1	359	374	365	366	405	414	395	405
0.5					418	418	421	419
20					419	421	422	421
35					429	415	422	422
40					422	423	427	424

为了更好地了解每一冷却速度下显微硬度的变化趋势，以 $t_{8/5}$ 为横坐标，不同组织平均显微硬度为纵坐标作图，如图 2 – 12 所示。组织中灰色组织马氏体的显微硬度明显高于黑色组织珠光体的硬度。在 $t_{8/5}$ = 3000 ~ 30000s，即 0.01 ~ 0.1℃/s 范围的冷却速度内，有黑色珠光体组织出现，且其硬度值随着冷却速度增加而增加。因为在珠光体出现的冷却范围内，随着 $t_{8/5}$ 的减少，即冷却速度的增加，类珠光体的片间距逐渐减小，使其显微硬度逐渐上升。当 $t_{8/5}$ = 600s，即冷却速度达到 0.5℃/s 时，黑色珠光体组织消失，只有灰色的马氏体组织，且随着冷却速度的增加，马氏体的板条逐渐细化，显微硬度也不断增加。

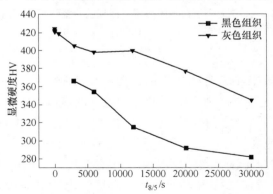

图 2 – 12　P92 钢在不同冷速下的平均显微硬度值

2.4.4　P92 钢的焊接 CCT 曲线及分析

通过分析各冷速下的膨胀曲线，得出 P92 钢在不同冷却速度下的组织转变温度，见表 2 – 2。

表 2 - 2　P92 钢相变的临界温度点

冷却速度/℃·s⁻¹	P_s/℃	P_f/℃	M_s/℃
0.01	904	788	440
0.015	877	776	435
0.025	882	764	404
0.05	821	752	401
0.1	830	741	397
0.5	—	—	374
5.0	—	—	386
20.0	—	—	340
35.0	—	—	334
40.0	—	—	330

由表 2 - 2 可知，P92 钢在冷却速度为 0.01℃/s，转变温度为 904℃、788℃、440℃时，分析可知组织为类珠光体及马氏体、残留奥氏体，当冷却速度大于 0.5℃/s 时转变温度只有一个，结合组织分析可知，此温度为马氏体开始转变点，转变产物为马氏体和残留奥氏体组织。依据 P92 钢在不同冷却速度下的转变临界点，结合在此冷速下的组织类别，得到 P92 钢的焊接 CCT 曲线，如图 2 - 13 所示。

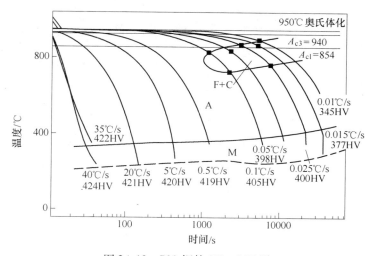

图 2 - 13　P92 钢的 SH - CCT 图

由图 2 - 13 可知，P92 钢的 SH - CCT 曲线可以划分为两个区域。以 0.01 ~ 0.1℃/s 的冷却速度进行连续冷却时，即当 $t_{8/5}$ = 3000 ~ 30000s 时，P92 钢焊接热影响区有类珠光体组织，随着温度的降低，到达 400℃左右时，与马氏体转变线相交，剩余过冷奥氏体形成马氏体和残留奥氏体组织。随着冷却速度的增加，当冷却速度达到0.5℃/s，即$t_{8/5}$降低到600s时，P92钢焊接热影响区得到的组织为马氏体和残留奥氏体。

参 考 文 献

[1] 赵勇桃，董俊慧，麻永林，等. Q390 钢焊接 CCT 曲线的测定［J］. 焊接学报，2012，33 (7)：57~60.

[2] 刘宗昌. 材料组织转变原理［M］. 北京：冶金工业出版社，2006，9：190~212.

[3] 顾钰熹，王宗杰. 焊接连续冷却转变图及其应用［M］. 北京：机械工业出版社，1990.

[4] 王艳杰，何长红，彭云，等. 控轧控冷与热轧耐候钢焊接 CCT 曲线测定及热影响区的组织特征［J］. 焊接 – 生产应用，2007 (11)：45~48.

[5] 周世锋，王昱成，李向阳，等. ZG0Cr13Ni5Mo 马氏体不锈钢模拟焊接 HAZ 组织与性能［J］. 焊接学报，2004，25 (4)：63~66.

3 P92 钢的焊接

焊接作为金属连接的重要手段之一，由于焊接过程的冷却速度、晶粒及组织的变化无法与钢材加工的精细程度相比，焊接时的突出问题是焊缝性能劣化和热影响区性能劣化。如不采取正确合理的焊接工艺，很容易产生冷裂纹、热裂纹和再热裂纹以及焊缝的韧性低、热影响区软化等缺陷。

焊接也是 P92 钢连接成型的主要手段。超超临界机组 P92 钢的焊接，不仅要防止和减少焊接缺陷的产生，更重要的是使焊缝获得最佳的金相组织，保证接头的"使用性能合格"，避免焊缝在运行中提前失效[1,2]。为此，在现场焊接全过程中，应改进操作手法，采取合理的焊接工艺、焊后热处理工艺，加强过程控制、旁站监督检查，综合采用各种措施以确保焊缝质量达到要求。

3.1 锅炉用钢的焊接性

3.1.1 锅炉用钢焊接时对焊接接头的要求

具体要求如下：

（1）焊缝金属与母材的化学成分相当。对于耐热钢来说，焊接接头应具有与母材金属基本相同的高温抗氧化性，为此焊缝金属的合金成分和含量应与母材基本一致，基本一致是指 Cr、Mo、W 等主要元素，对于 P、S 等杂质元素，为减少热裂纹的倾向应尽量控制在较低的水平。在保证高温性能的前提下，为改善焊接性，焊接材料的含 C 量可稍低于所焊母材。

（2）焊缝金属与母材强度相当。耐热钢焊接接头不仅应具有与母材金属基本相等的室温和高温短时强度，而且更重要的是应具有与母材相近的高温蠕变性能。

（3）焊缝金属的组织与母材相当。对于马氏体和奥氏体耐热钢来说，为保证其焊接接头长时间高温运行过程中的蠕变性能，应严格控制熔敷金属中 δ 铁素体的含量。

（4）焊缝金属应具有一定的韧性储备。虽然耐热钢焊接结构大多数是在高温下工作的，但对于压力容器和管道要求最终的检验，通常是在常温下以工作压力 1.5 倍的压力作液压试验或气压试验，在受压设备投运或检修后，都要经历冷起动过程，因此耐热钢焊接接头也应具有一定的抗脆断性。

3.1.2 P92 钢的化学成分对焊接性的影响

P92 钢含有多种合金元素，每种合金元素对其焊接性的影响是不同的。主要表现在以下几个方面：

（1）碳。钢中含碳量增加后，使焊缝热裂纹敏感性及焊接热影响区产生裂纹的倾向性增大。因此，从焊接性出发，希望降低含碳量。锅炉常用普通钢的含碳量一般限制在 0.2% 以下。

（2）锰。当钢中含锰量在 1% 以下时，对焊接性影响不大，含锰量适当时可以提高抗热裂纹能力，当含锰量过多时，能增加金属淬硬倾向和晶粒长大倾向，对焊接性有不利影响。

（3）钒。钒能细化焊缝金属的铸态组织和防止热影响区晶粒过分长大，因此，钒能改善低合金钢的焊接性能，但钒过多会增加焊后热影响区的淬硬倾向。

（4）硅。硅主要是使焊缝中产生较多的硅酸盐杂质，影响焊缝塑性，甚至可能产生裂纹。

（5）钼。钼能增加热影响区的淬硬倾向，易产生裂纹，因此对焊接性有不利影响。

（6）铌。铌能减弱钢在焊接中的淬硬倾向，因此铌对焊接性是有利的。钢中加入 Ti、Nb 等稳定剂，可有效防止晶间腐蚀（见图 3-1），Nb 可提高钢的耐蚀性，但效果比 Ti 稍差。

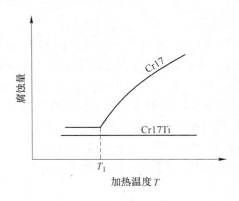

图 3-1 合金元素对腐蚀量的影响

（7）铬。铬能提高钢的淬硬倾向，所以对焊接性有不利影响。

（8）镍。镍钢的淬硬倾向较小，所以焊接性较好。

（9）钨。钨能增加热影响区的淬硬倾向，易产生裂纹，因此对焊接性有不利影响。

（10）硼。钢中含微量硼对焊接性影响不大。

3.1.3　P92 钢焊接接头存在的问题及防范措施

具体如下：

（1）焊接冷裂纹。P92 钢是在对 9Cr－1Mo 钢的成分做进一步完善改进而研制出的新型耐热合金钢。该钢采用多元－复合的强化手段，由于 P92 钢合金元素含量高，因此其焊接接头有冷裂纹倾向，但 P92 钢中的 C、S、P 等元素含量低，且具有晶粒细、韧性高的特点，使其焊接冷裂纹倾向大为降低。为预防焊接冷裂纹，采用的防范措施主要有：控制预热温度和层间温度；控制焊缝的含氢量；降低焊接接头应力。

（2）焊缝金属韧性低。采用电弧焊焊接 P92 钢，焊缝是温度极高的熔融状态冷却下来的铸造组织，不可能获得极细颗粒弥散析出的 Nb、V 碳氮化合物和高度细化的晶粒，即不具备细晶强韧化的条件。相反，由于熔池金属的高温停留以及快速的凝固冷却，熔敷金属中的 Nb、V 等微合金化元素可能仍大部分固溶在金属中，不仅难以细化晶粒、韧化焊缝，反而会通过固溶强化而降低焊缝韧性。为提高焊缝金属的韧性，采用的防范措施主要有：选择合适的焊接方法；控制铬当量；控制预热温度和层间温度；降低焊接线能量；控制焊后热处理温度。

（3）Ⅳ型裂纹。通过热处理强化的铁素体钢，由于低于临界温度的回火作用和临界温度范围内微观结构的变化，在焊接热影响区外的硬度会下降。对焊接接头进行高温持久强度试验时，在硬度下降的部位往往出现断裂，该部位被称作软化带。在高温长期运行中，9Cr－1Mo 这类铁素体耐热钢往往在焊接接头的软化带产生裂纹。英国人按裂纹产生位置的分类方法，称这种裂纹为Ⅳ型裂纹。为预防Ⅳ型裂纹，采用的防范措施主要有：焊接时，尽量不采用过高的预热温度及层间温度，不采用过大的焊接线能量；采取多层多道焊，焊层厚度控制在 2～3mm，确保上层焊道对下层焊道的回火作用；尽力控制热影响区软化带宽度窄一些，加强其拘束强化作用，减小软化带的影响。

（4）热影响区软化快。如果 P92 钢的热影响区在焊接过程中承受的最高温度在 A_{c1}～A_{c3} 之间，此温度范围内 P92 钢焊接金属的沉淀物无法相互溶解，这些未能溶解的沉淀物继而会在后面的热处理过程中逐渐粗化，从而引起热影响区的材料强度降低，致使热影响区软化程度加快，严重时甚至会减弱蠕变强度，出现裂纹。焊接热影响区的软化程度不仅与 P92 钢焊接规范有着极大关系，而且还与预热、焊接后热处理密切相关。因此，P92 钢焊接必须严格规范焊接热输入要求[3]。

3.2　P92 钢的焊接试验方案

3.2.1　焊接方法

耐热钢焊接的方法很多，可以采用焊条电弧焊、钨极氩弧焊、埋弧焊、熔化极氩弧焊、电渣焊、等离子弧焊、激光焊、摩擦焊、扩散焊[4]。钨极氩弧焊焊接易操作，能得到组织致密、性能好、美观的焊接接头。且钨极氩弧焊选用氩气保护，保护效果良好，特别是对于 6mm 厚度以下的焊接效果最好。

　　P92 钢属铁素体耐热钢，具有一定的冷裂倾向和接头脆化倾向，因而对焊接工艺和热处理工艺有严格的要求，操作技术上也有一些特点。Yaghi 等[5]比较了 P92 钢的钨极氩弧焊、手工电弧焊、药芯焊丝电弧焊、埋弧焊等焊接工艺，指出钨极氩弧焊接头韧性最高，这是由于该焊接工艺接头氧含量最低，因此，蒸汽管道焊接时主要采用手工钨极氩弧焊打底，电弧焊盖面，管内壁充氩保护。

3.2.2　焊接工艺

3.2.2.1　焊接材料

　　采用填充焊丝的钨极氩弧焊方法对其进行焊接，焊接填充焊丝为 9CrWV 实心焊丝[6]，其化学成分和常温力学性能分别如表 3 - 1 和表 3 - 2 所示。

表 3 - 1　9CrWV 实心焊丝的化学成分（质量分数）　　　　（%）

成　分	C	Mn	Si	Cr	Ni	Mo	W	V	Nb	N	B
9CrWV 焊丝	0.12	0.71	0.29	9.1	0.49	0.42	1.72	0.19	0.06	0.06	30×10^{-6}

表 3 - 2　9CrWV 的常温力学性能

抗拉强度/MPa	0.2% 屈服强度/MPa	A_{KV} 冲击功/J
800	700	220

　　由表 3 - 1 可知，9CrWV 的化学成分相比于母材来说，它的 Mn、Ni 含量相对稍高一点，B 的含量稍偏低，但主要合金元素 C、Cr、Mo、W、V、S、P 的含量均在母材的相应元素含量范围以内。此外，从表 3 - 2 焊丝 9CrWV 的主要力学性能指标可以看出：抗拉强度、冲击韧性与屈服强度和母材的相一致。从焊材的选用原则来看，9CrWV 的化学成分及其性能指标基本与母材相吻合。

3.2.2.2　焊接工艺参数

　　焊接用 P92 钢的尺寸为长 × 宽 × 高为 113mm × 70mm × 5mm。焊接前把焊件加工成 V 形坡口，采用双层单道焊，焊接工艺参数见表 3 - 3。

表 3 - 3　P92 钢的焊接工艺参数

焊接方法	极性接法	坡口形状	预热温度 $T/℃$	层间温度 $T/℃$	电弧电压 U/V	焊接电流 I/A	焊接速度 $v/mm \cdot s^{-1}$	焊丝直径 d/mm
TIG	正接	V 形	190	200	22~24	14	0.9	2.5

3.2.3　P92 钢焊接接头拉伸试验

根据国家标准 GB/T 228.1—2010，将 P92 钢母材、焊接接头制备成板状拉伸试样，拉伸试样的尺寸规格如图 3 – 2 所示。在电子万能试验机上对其进行常温拉伸试验，拉伸速度 $v = 4\mathrm{mm/min}$。

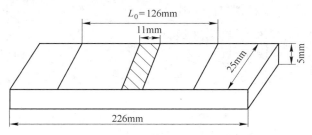

图 3 – 2　P92 钢常温拉伸试样的规格

3.3　P92 钢焊接接头的组织及性能

3.3.1　P92 钢焊接接头的组织

图 3 – 3 为 P92 钢焊缝接头显微组织。由图可知，P92 钢经焊接后焊缝区、靠近焊缝热影响区的显微组织为马氏体和残留奥氏体，而母材区为回火托氏体组织。

如图 3 – 3a 所示，在焊接过程中，P92 钢焊缝区的温度较高，使金属发生快速熔化，由于 P92 钢的淬透性好，故焊接冷却后得到的显微组织为板条马氏体 + 残留奥氏体。图3 – 3b 为焊接接头中靠近焊缝的热影响区显微组织，靠近焊缝区的热影响区，温度较高，远远超过了 P92 钢的 A_{c3}（945℃），使其完全奥氏体化，且受到多次焊接热循环影响，晶粒迅速长大，故在冷却后该区域呈现出晶粒粗大的马氏体组织。图 3 – 3c 为 P92 钢焊接接头母材区显微组织，P92 钢供货状态为 1050℃淬火 + 760℃回火，淬火后得到的马氏体组织，在回火过程中位错亚结构密度降低，但由于合金元素的作用，钢的抗回火能力较强，回火转变未彻底完成，故 760℃回火后得到回火托氏体组织。

3.3.2　P92 钢焊接接头的硬度

以焊缝中心为原点，沿焊缝 – 热影响区 – 母材区顺序，每隔 5mm 取点，测其洛氏硬度值（HRC），以与焊缝中心的距离为横坐标，对应硬度为纵坐标作图，如图 3 – 4 所示。由图可知，P92 焊接接头组织中，焊缝区硬度最高，热影响区次之，母材区硬度最低。因焊缝区在焊接后冷却的过程中形成马氏体组织，

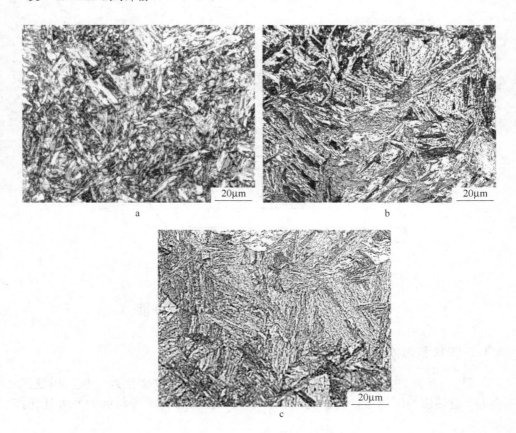

图 3 - 3 P92 钢焊接接头的显微组织

a—焊缝区；b—热影响区；c—母材区

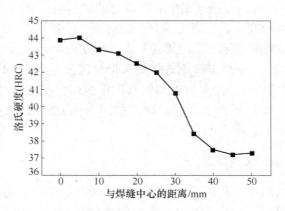

图 3 - 4 P92 钢焊接接头的硬度曲线

硬度较高；与焊缝相邻的热影响区受到热循环影响，奥氏体晶粒长大，冷却后的马氏体晶粒粗大，硬度较焊缝区有所降低；随着与焊缝中心距离的增加，热影响区的最高温度不断下降。当温度大于 A_{c1} 小于 A_{c3} 时，冷却后得到粗大的马氏体、残余奥氏体；当最高温度小于 A_{c1} 时，冷却后得到粗大的回火托氏体组织。母材区的显微组织为回火托氏体，硬度较低。故距离焊缝越远，硬度越低。

3.3.3　P92 钢焊接接头的常温拉伸性能

通过拉伸试验，P92 钢焊接接头均在距焊缝中心的 13mm 处断裂，根据拉伸实验结果，计算得到焊接接头母材的拉伸力学性能指标如表 3 - 4 所示。

表 3 - 4　P92 钢及焊接接头的常温拉伸力学性能指标

试　样	抗拉强度 δ_b/MPa	屈服强度 $\delta_{0.2}$/MPa	断面收缩率 A/%
焊接接头	940.81	827.87	41.20
母　材	592.4	753.55	70.59

由表 3 - 4 可知，P92 钢焊接接头的抗拉强度和屈服强度明显高于 P92 钢母材，而其断面收缩率低于母材。在热影响区发生断裂，断裂处组织为马氏体，相对于回火托氏体组织，马氏体组织的强硬度高、塑韧性低，因此焊接接头强硬度高于母材，而塑韧性低于母材。

3.3.4　P92 钢焊接接头的拉伸断口形貌

图 3 - 5 为 P92 钢母材、焊接接头的常温拉伸断口形貌。由图 3 - 5a、b 可知，P92 钢母材与焊接接头的整个断口均是粗糙且不规则的，并发生了明显的宏观变形撕裂过程，属韧性断裂。这说明变形过程中需要消耗大量的塑性变形能，众多微细裂纹不断扩展和相互连接，成为了其断裂的主要原因。图 3 - 5a 中 P92 钢母材断口中心出现了少量的小裂纹，且断口部位颈缩明显；图 3 - 5b 中焊接接头断口的中心区域出现了明显的开裂现象，且周围还伴随着有大量的小裂纹出现。随着变形过程的进行，微孔首先在试样心部的夹杂物或第二相粒子处形成，且不断增多与长大，最后聚合成垂直于拉应力方向的微裂纹断裂[7]。

图 3 - 5c 为 P92 钢母材拉伸断口的微观形貌，其断口有大量的韧窝和少量的撕裂棱。图 3 - 5d 为 P92 钢焊接接头断口微观形貌。与图 3 - 5c 相比，图中断口的韧窝细小，深度较浅。在拉伸过程中，在夹杂物或第二相粒子处形成，由于有第二相粒子的钉扎，其钉扎效果强，抑制了微孔进一步向晶界扩展，随后的断裂形式呈现出韧性断裂的特征。结合宏观断口形貌的分析可知，P92 钢母材、焊接接头的断口形貌均为韧窝 + 撕裂棱，属于韧性断裂。

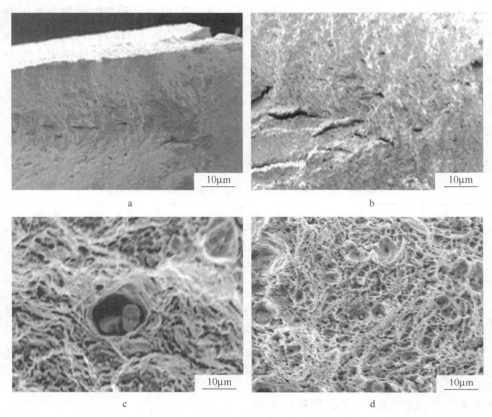

图 3 - 5 P92 钢拉伸断口 SEM 形貌

a, c—母材; b, d—焊缝接头

3.4 焊后热处理对 P92 钢焊接接头组织及性能的影响

3.4.1 焊后热处理工艺

为了消除焊接残余应力, 改善焊接接头的组织, 对焊接接头常常进行焊后热处理, 热处理工艺如下: 以 150℃/s 的加热速度将钢加热到 760℃, 保温时间 90min, 然后炉冷至 300℃, 再取出空冷至室温[8]。

3.4.2 焊后热处理对焊接接头组织的影响

对热处理前后的 P92 钢焊缝接头进行显微组织观察, 如图 3 - 6 所示, 由图可知, 焊态下 P92 钢焊接接头焊缝区、靠近焊缝热影响区的显微组织为马氏体和残留奥氏体, 母材区为回火托氏体组织; 经焊后热处理, 焊接接头三个区域均为回火托氏体组织[8]。

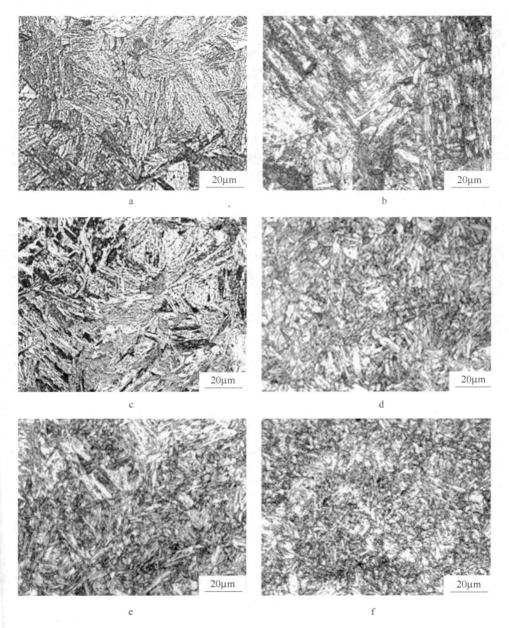

图 3-6　热处理前后 P92 钢焊接接头的显微组织

a，c，e—焊态下焊缝区、靠近焊缝的热影响区、母材区的组织；
b，d，f—热处理后焊缝区、靠近焊缝的热影响区、母材区的组织

图 3 - 6a 为焊态下 P92 钢焊缝区的组织，在焊接过程中，P92 钢焊缝区的温度较高，使金属发生快速熔化，由于 P92 钢的淬透性好，故焊接冷却后得到的显微组织为板条马氏体 + 残留奥氏体。图 3 - 6b 为焊缝区热处理后的显微组织，在 760℃焊后热处理过程中，马氏体界面上的位错通过攀移与滑移而消失，进而位错密度下降，部分板条界面消失，向相邻板条合并而成为宽的板条，得到回火托氏体组织。图 3 - 6c 为焊态下焊接接头靠近焊缝的热影响区在焊接冷却后呈现出晶粒粗大的马氏体组织。热处理后热影响区的组织见图 3 - 6d，与焊缝区组织变化相同，得到回火托氏体组织。图 3 - 6e、f 分别为 P92 钢焊接接头热处理前后母材区的显微组织，均为回火托氏体组织。因 P92 钢的供货状态为淬火 + 760℃回火，故焊后热处理对母材组织无明显影响。

3.4.3   焊后热处理对焊接接头硬度的影响

以焊缝中心为原点，沿焊缝 - 热影响区 - 母材区顺序，每隔 5mm 取点，分别对热处理前后焊接接头试样的洛氏硬度值（HRC）进行测试，以与焊缝中心的距离为横坐标，对应硬度为纵坐标作图，如图 3 - 7 所示。由图可知，焊态下 P92 焊接接头组织中，焊缝区、热影响区的硬度较高，经 760℃焊后热处理，焊缝、热影响区的硬度与母材区相近。在焊接接头中，焊缝区、靠近焊缝的热影响区形成马氏体组织，硬度达到约 43.70HRC，在随后的热处理过程中，焊缝、近缝区组织转变为回火托氏体，硬度显著下降，其原因主要为马氏体已发生部分分解，而马氏体属于硬脆相，回火使组织中的强硬化作用大大降低[9]。

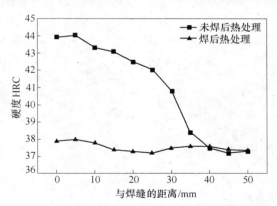

图 3 - 7   热处理前后 P92 钢焊接接头的硬度

3.4.4   焊后热处理对拉伸性能的影响

热处理前后的 P92 钢焊接接头试样均在距焊缝中心约 10mm 处断裂，计算得到焊接接头的拉伸力学性能指标，如表 3 - 5 所示。由表可知，经焊后热处理的

P92 钢焊接接头的屈服强度和断面收缩率明显高于焊态下焊接接头试样，而其抗拉强度略低。相对于热处理后得到的回火托氏体组织，焊态下焊缝区、热影响区马氏体组织的强硬度高、脆性大、塑韧性低，因此焊态下的焊接接头强硬度较高，而其塑韧性较低。

表 3 - 5　热处理前后 P92 钢焊接接头常温拉伸力学性能指标

试　样	抗拉强度 δ_b/MPa	屈服强度 $\delta_{0.2}$/MPa	断面收缩率 A/%
焊　态	940.81	827.87	41.20
焊后热处理	917.43	842.21	46.20

3.4.5　焊后热处理对焊接接头的拉伸断口形貌的影响

图 3 - 8 为热处理前后 P92 钢焊接接头的常温拉伸断口形貌。

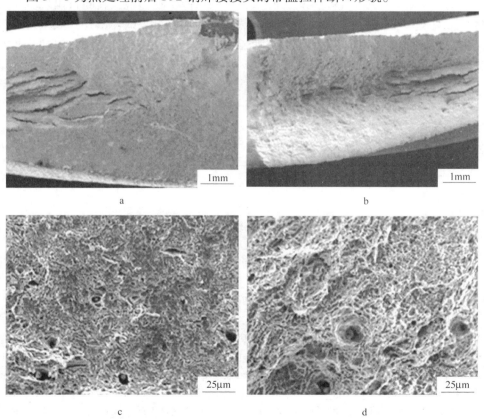

图 3 - 8　热处理前后 P92 钢焊接接头拉伸断口形貌（SEM）

a，c—焊态；b，d—热处理后

由图 3-8a、b 可知，热处理前后 P92 钢焊接接头的整个断口均不平整且不规则，并有撕裂的痕迹，说明在断裂前材料均发生了明显的宏观撕裂过程，属韧性断裂。同时也说明变形过程中需要消耗大量的塑性变形能，众多微细裂纹不断扩展和相互连接，成为了其断裂的主要原因。从图 3-8a 可以看出，焊态下 P92 钢焊接接头断口中心出现了大量的裂纹，且断口部位颈缩不明显，这是由于其马氏体中含有大量的位错，并伴随有残余应力的存在。随着变形过程的进行，微孔首先在试样心部的夹杂物或第二相粒子处形成，且不断增多与长大，最后聚合成垂直于拉应力方向的微裂纹断裂[7]。图 3-8b 为热处理后的焊接接头断口，颈缩较明显。在760℃焊后热处理过程中，焊接接头的马氏体板条发生了多边化回复碎化，碎化的板条中形成了较好的位错网络，同时熔敷于金属中的铌、钒在回火过程中形成微细的碳氮化合物，这些碳化物的析出，增加了焊接接头的塑韧性，使其在拉伸过程中塑韧性增强，宏观出现明显的颈缩[10]。

图 3-8c 为焊态下 P92 钢焊接接头拉伸断口的微观形貌，其断口出现少量韧窝和撕裂棱。在拉伸过程中，未经焊后热处理的焊接接头试样微孔在夹杂物或第二相粒子处形成，由于其存在大量的残余应力，且迅速集中，最终成为断裂源。图 3-8d 为热处理后的焊接接头断口微观形貌，与图 3-8c 相比，图中出现大量的韧窝与撕裂棱，且其断口的韧窝细小均匀。结合宏观断口形貌的分析可知，热处理前后 P92 钢焊接接头断口形貌均为韧窝+撕裂棱，且经热处理后焊接接头的塑韧性有所提高。

参 考 文 献

[1] 徐连勇，荆洪阳，周春亮，等. 焊后热处理对 P92 钢管道焊接残余应力场的影响 [J]. 焊接学报，2010，31 (3)：13~16.

[2] 屈国民，牛靖，胡彬，等. 回火温度对 P92 钢焊接接头组织和性能的影响 [J]. 热加工工艺，2014，43 (9)：44~47.

[3] 侯志强. P92 钢焊接接头易出现的问题和焊接工艺要求 [J]. 机电信息，2011 (30)：116~117.

[4] 陈祝年. 焊接工程师手册 [M]. 北京：机械工业出版社，2006.

[5] Yaghi A H, Hyde T H, Becker A A, et al. Finite element simulation of residual stresses induced by the dissimilar welding of a P92 steel pipe with weld metal IN625 [J]. International Journal of Pressure Vessels and Piping, 2013, 111~112：173~186.

[6] 林华. 大型火力发电厂超超临界机组主蒸汽管 SA335-P92 钢焊接工艺研究 [J]. 装备制造技术，2008 (10)：69~71.

[7] Choudhary B K, Christopher J, Rao Palaparti D P, et al. Influence of temperature and post weld heat treatment on tensile stress-strain and work hardening behaviour of modified 9Cr-1Mo steel

[J] . Materials and Design, 2013, 52: 58 ~ 66.

[8] Hamzah M Z, Ibrahim M L, Chye Q H, et al. Evaluation on the hardness and microstructures of T91 re – heater tubes after post – weld heat treatment [J] . Engineering Failure Analysis, 2012, 26 (139): 349 ~ 354.

[9] 齐向海, 田旭海. 焊后热处理对 P92 钢焊接接头显微组织及力学性能的影响 [J] . 理化检验, 2008, 44 (3): 115 ~ 118.

[10] 刘燕, 王毛球, 刘国权. 回火温度对 40CrNi3MoV 钢组织和力学性能的影响 [J] . 金属热处理, 2014, 39 (6): 41 ~ 45.

4 P92 钢的力学性能

金属材料的力学性能是指金属在外加载荷（外力或能量）作用下或载荷与环境因素（温度、介质和加载速率）联合作用下所表现出的行为。这种行为又称为力学行为，通常即表现为金属的变形和断裂。因此，金属材料的力学性能可以简单地理解成金属抵抗外加载荷引起的变形和断裂的能力。

绝大多数机器零件或构件（简称机件）都是由金属材料制成的，并在不同的载荷与环境条件下服役。如果金属材料对变形和断裂的抗力与服役条件不相适应，便会使机件失去预定的效能而损坏，即产生所谓"失效现象"。常见的失效现象如过量弹性变形、过量塑性变形、断裂和磨损等。因此，金属材料的力学性能在某种意义上说来，又可称为金属材料的失效抗力。

金属力学性能的物理本质及宏观变化规律与金属在变形和断裂过程中位错的运动、增殖和交互作用（位错之间的交互作用、位错与点缺陷的交互作用）等微观过程有关。虽然研究金属力学行为的微观机理是金属物理学科的任务，但目前在金属力学性能学科中已广泛引用了有关微观理论，从而使金属力学性能的研究工作进入了宏观规律与微观机制相结合的阶段。

金属力学性能的研究是建立在试验基础上的，并且金属材料的各种力学性能指标也需要通过试验来测定。因此，在金属力学性能研究中，必须重视金属力学性能指标的测试技术。

研究金属力学性能的目的在于正确和合理使用金属材料、研制新材料、改进和开发冷热加工工艺，以充分发挥材料性能的潜力，并为机件失效分析提供一定基础。可见，研究金属力学性能还能指导变形和加工的具体实践，因而具有广泛的实际意义。

4.1 P92 钢的性能

4.1.1 P92 钢的性能特点

P92 钢的性能特点如下：

（1）具有良好的物理性能。P92 钢的线膨胀系数与 P91 钢相同，比奥氏体钢低，甚至还低于 P22 钢的线膨胀系数，故 P92 钢在机组启动和停止时，抗疲劳损伤的能力不仅会优于奥氏体钢，也会比 P22 钢强，热导率与 P91 钢相同，比奥氏体钢高。P92 钢的部分物理性能如表 4 - 1 所示。

表 4 - 1 P92 钢的部分物理性能

温度/℃	20	100	200	300	400	500	600	700	800
弹性模量/GPa	191	184	184	173	162	152	98	87	76
线膨胀系数/℃$^{-1}$	—	11.4×10^{-6}	11.8×10^{-6}	12.1×10^{-6}	12.6×10^{-6}	12.9×10^{-6}	13.1×10^{-6}	13.3×10^{-6}	13×10^{-6}
比热容 /J·(kg·K)$^{-1}$	420	430	460	480	510	580	630	650	670

（2）具有优越的高温性能。由于 P92 钢中 W、Mo 固溶强化和 V、Nb 碳氮化物沉淀强化的作用，它的高温强度和蠕变性能明显优于传统钢。P92 钢的许用应力在 590 ~ 650℃高温度范围内与 TP347H 奥氏体钢相当。按照 ASME 标准估算出，在 550℃、600℃和 625℃等不同温度下 10 万小时 P92 钢的蠕变断裂强度分别为 199MPa、131MPa 和 101MPa；而 P91 钢在相应温度下的蠕变断裂强度分别为 141MPa、98MPa 和 68MPa。高温蠕变断裂强度较 P91 钢高 25% ~ 30%。

（3）具有良好的常温力学性能。P92 钢不仅具有优越的高温性能，而且具有良好的常温性能。具体指标[13]见表 4 - 2。

表 4 - 2 P92 钢常温力学性能

抗拉强度 σ_b/MPa	屈服强度 σ_s/MPa	伸长率 δ/%	冲击功 A_{KV}/J	平均硬度 HB
≥620	≥440	≥20	≥41	≤250

（4）具有优良的抗氧化与抗腐蚀性。9% 的 Cr 含量使 P92 钢具有良好的抗高温氧化与耐蚀性能，它的抗腐蚀性和抗氧化性能等同于其他含 9% 的铁素体钢。P92 钢的抗水蒸气氧化的性能与 P91 钢大致相同。经测试，P92 钢与 P91 钢在600℃、700℃下 3000h 的水蒸气氧化皮厚度大致相同。

4.1.2 合金元素对 P92 钢性能的影响

钢材的耐热性能主要是通过合金化来达到的。所谓合金化，就是在碳钢的基础上加入可以提高热稳定性和热强性的合金元素。最常用的合金元素是铬、钼、钒、钛、硅、稀土元素等，加入的合金元素种类和含量不同，钢的组织和性能就不一样。合金元素对 P92 钢力学性能的影响主要有以下几个方面：

（1）碳的作用。碳对钢的力学性能影响很大。随着含碳量的增加，钢的室温强度提高，塑性下降。碳对钢的高温性能影响就比较复杂。随着含碳量的增加，钢的抗蠕变性能会降低，而且，在高温长期使用，其蠕变速度要增快。因为含碳量多，在高温时从固溶体中析出的碳化物必然增多，会使固溶体中的合金元素贫化，从而降低热强性。但是，含碳量也不宜过低，否则强度就会大大降低。

（2）锰的作用。锰是弱碳化物形成元素，溶入固溶体时对铁素体能起强化作用。锰能提高铁素体的室温强度和硬度，当锰含量为 1% 时能提高冲击韧性和塑性，继续增加锰含量会引起韧性和塑性降低。锰还能显著提高钢的淬透性。锰除了能提高室温强度外，在一定温度范围内时还可以增加钢的热强性。锰能强烈使晶格畸变和增加晶格原子键引力，提高热强性和抗蠕变能力。

（3）镍的作用。镍能增加钢的淬透性，因而能提高钢的强度，但镍的价格较贵。随 Ni 含量的增加，材料的强度和塑性均略有提高，但低温冲击韧性提高幅度较大。每增加 $w(Ni)=0.1\%$，可使强度增加 $20\sim25MPa$，伸长率增加 $1\%\sim2\%$，断面收缩率增加 $4\%\sim6\%$。这是由于 Ni 在钢中只形成固溶体，而且固溶强化作用不明显，而主要是通过在塑性变形时增加晶格滑移面来提高材料的塑性。Ni 还能改善钢在低温下的韧性，使韧脆转变温度下降。

（4）铬的作用。铬能使钢的性能在很多方面得到改善和提高。铬的熔点高，本身就具有优异的抗蠕变性能。Cr 含量对材料的强度、塑性和低温冲击韧性均有较大影响。每增加 $w(Cr)=0.1\%$，可使强度增加 $35\sim45MPa$，伸长率降低 $1\%\sim2\%$，断面收缩率降低 $4\%\sim6\%$。这是由于 Cr 既能固溶于铁素体和奥氏体中，又能与钢中的 C 形成多种碳化物。Cr 固溶于奥氏体时，可提高钢的淬透性。当 Cr 与 C 形成复杂碳化物，并在钢中弥散析出时，可起到弥散强化作用。由于 Cr 有提高淬透性和固溶强化的作用，能提高钢在热处理状态下的强度和硬度。

（5）钼的作用。Mo 是提高热强性的重要元素之一。另外加入 Mo 还可增加钢的淬透性，但其效果没有碳和铬那样显著。Mo 还能显著降低钢的热脆倾向。随 Mo 含量的增加，材料的强度、塑性和低温冲击韧性均有较大提高。每增加 $w(Mo)=0.1\%$，可使强度增加 $50\sim60MPa$，伸长率增加 $2\%\sim3\%$，断面收缩率增加 $4\%\sim6\%$，这是由于 Mo 固溶于铁素体和奥氏体时，可使钢的 C 曲线右移，从而显著提高钢的淬透性，而且 Mo 能显著提高钢的再结晶温度，提高回火稳定性，调质后可获得细晶粒的索氏体，使强韧性得到改善。当形成 Mo 的碳化物时，可起到弥散强化作用。

（6）钒的作用。钒是强的碳化物形成元素，在钢中能够形成细小、均匀、高度弥散的碳化物和氮化物颗粒。这些化合物在 $550\sim600℃$ 范围内比较稳定，因而能有效地提高钢的持久强度和抗蠕变能力。

钒和碳的亲和力比铝和铬大，能阻碍铝和铬元素从固溶体向碳化物中迁移，避免和减少固溶体中钼和铬的贫化，进一步提高钢的强化效果。

（7）硅的作用。硅元素能起到固溶强化作用，但硅会增加钢的脆性，要少量加入。

金属材料的高温延塑性对材料的热加工成型性、加工时裂纹的萌生有着重要的影响。钢中各种元素对高温延塑性的影响主要表现在以下几个方面：是否改变奥氏体向铁素体转变的温度和速率；是否形成析出物；是否偏聚在晶界，从而改变晶界的强度[1]。

（1）碳的影响。对低碳钢而言，其塑性从 90℃ 开始降低，在 750～820℃ 之间达到最低，当温度接近 700℃ 时，其塑性得到足够的恢复。当碳含量较低时，在奥氏体晶界处有应力诱导铁素体产生，应力集中使得铁素体晶界 MnS 夹杂物处的微孔聚合，最终导致沿晶断裂。碳含量会显著影响钢锭凝固冷却过程中相变、晶粒大小等，因此对钢的塑性有明显的影响。普碳钢中，随着碳含量的增加，钢的第Ⅲ脆性温度区域向低温移动，而降低碳含量（小于 0.1%）可增加 γ 相向 α 相转变的速率，非常有效地促进 A_{c3} 温度下大量变形诱导铁素体的形成，提高塑性，使第Ⅲ脆性区域变窄。

（2）硫的影响。硫在晶界偏析降低了比表面能，对铁原子产生吸引力，从而降低了晶界强度，使得析出物与基体的结合力下降，促进晶界滑移。晶界的应力集中使得（Mn，Fe）S 与晶界产生孔隙，加强了应力集中，从而扩展成为晶界裂纹。晶界微孔的形成与长大过程也因硫的偏析而加强。

锰硫比是影响钢的高温塑性的重要因素之一。随着钢中硫含量的增加，在 $R_A - T$ 曲线上，塑性槽宽度加大，深度增加。硫含量引起的脆化与钢的锰硫比有很大关系，提高锰硫比可以阻止 FeS 等低熔点化合物在奥氏体晶界形成。理论上要达到此目的，锰硫比需达到 7，但由于硫的偏析，实际上需要更高的锰硫比。低应变速率下进行的锰硫比对低碳钢高温塑性影响的实验结果表明，不同测试温度下，锰硫比对钢的高温塑性的影响不同，按其影响规律可分为 4 个温度区域，即 1350～1400℃，锰硫比越高，塑性越差；1000～1350℃ 时，锰硫比对塑性无影响；800～1000℃ 时，锰硫比越高，塑性越好；600～800℃ 时，锰硫比越高，塑性越差。

（3）氮的影响。氮虽然在钢中含量较低，但对钢的热塑性有很大影响，氮含量增加，钢的热塑性变差。氮易和 Al、Nb、Ti 和 V 等结合成 AlN、NbN、TiN、V（C，N）等化合物并在晶界析出，形成应力集中源，使钢的塑性变差。铃木洋夫等人就氮对中碳钢热塑性的影响进行了研究。结果表明，氮是使钢的塑性变差的元素之一，随着含氮量的增加，钢的热塑性变差，第Ⅲ脆性区变宽，且向高温区延伸。含氮量提高能增加 AlN、Nb(C，N) 的析出，因此对热塑性不利。可以减少钢的含氮量或添加 Ti 来固定钢中的氮，以减轻 γ 低温域钢的脆化。

（4）铝的影响。钢中铝含量对钢的热塑性的影响包括以下几个方面：

1）铝在奥氏体晶界大量偏析，使得铁素体在晶界生成的温度提高很多，并且当铝含量增至 0.04% 时，钢中存在粗大的树枝晶组织，导致钢的脆化。

2）在冷却过程中，铝与钢中氮反应生成的 AlN 沿奥氏体晶界析出，在应力作用下析出物周围形成微裂纹，导致晶界脆化。

3）细小的 AlN 析出物对晶界产生钉扎作用，阻碍了晶界迁移，使得提高晶界滑移形成微孔变得容易。

（5）磷的影响。磷对钢的热塑性影响较复杂。研究认为，温度为 700 ~ 1200℃时，钢中的磷能改善钢的热塑性，但会恶化普碳钢的高温（大于1300℃）热塑性。磷对钢的高温热塑性的影响与铝含量有关。

（6）硼的影响。温度为 1100 ~ 1300℃时，钢中含有少量的硼即能够改善低碳钢的热塑性。低碳钢中含有 0.01% 的硼时，会使其 1000 ~ 1300℃的热脆性温度区域变宽。导致硼钢变脆的所谓"硼相"，是结构为 $Fe_{23}(BC)_6$ 的碳硼化物。当钢中硼含量或工艺条件不适宜时，在硼钢的奥氏体晶界上就出现硼相，钢中硼含量越高，这种沉淀就越多。

（7）微合金化元素 Nb、V、Ti 的影响。比较同一应变速率下含铌钢与普通钢的高温延塑性可得出结论：含铌钢的脆性温度区向高温发展，第Ⅲ塑性区变宽；钢中铌含量增加，钢的塑性变差，第Ⅲ塑性区变宽。钢中钒与碳、氮形成的 $V(C，N)$ 在晶界上析出，不仅抑制或推迟了再结晶，还是晶界微孔的形核源。动态析出时，VN 或 $V(C，N)$ 的析出均匀分布，对钢的脆性影响较弱。但钒钢铸坯冷却过程发生的静态析出物主要分布在奥氏体晶界处，因而对钢的延性影响较大。

4.1.3 高温力学性能的研究方法

大量铸轧试验证实，固液两相区的变形对产品质量有关键性的作用，薄带变形过程中形成的内裂纹主要源于两相区。但是由于铸轧过程中变形区温度很高，且液固两相区位于凝固壳的内部，因而很难在线测出液固两相区的实际变形情况。所以，只能通过热模拟的方法研究所浇钢种的高温变形行为，充分认识实验钢在凝固冷却过程中凝固坯壳的高温力学性能的变化规律，从而在生产过程中合理地控制浇注温度、铸轧速度、冷却强度及辊缝预留量，进而控制凝固终点的位置，实现铸轧过程中轧制变形的合理控制，才能从根本上减少铸轧过程中出现的裂纹。

高温力学性能的测定方法主要包括加热法及凝固法[2]。图 4 - 1a 所示为加热法，即直接将试样均温区加热到固相线以下规定拉伸温度，保温 60s 后在恒温下以 0.1s⁻¹ 的拉伸速率变形；图 4 - 1b 所示为凝固法，即先将试样均温区加热到熔化状态，保温 60s 后冷却到固相线以下规定拉伸温度再保温 60s，最后在恒温下以 0.1s⁻¹ 的拉伸速率进行拉伸变形。为减少试样高温氧化及由热交换导致的径向温度梯度，先抽气到真空，然后在充 Ar 的环境下进行实验。用 S 型热电偶测量变形温度，并采用热电偶压附法防止热电偶高温脱落。

采用加热法和凝固法所得结果间存在较大差异。由温度变形制度可知，用凝

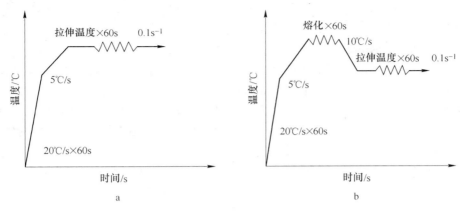

图 4-1 钢的高温力学性能测定方法
a—加热法；b—凝固法

固法模拟更接近真实的变形过程，获得的组织与铸轧的组织更相似。因此，采用凝固法研究钢的高温力学性能，更符合钢的凝固及随后的冷却过程。故 P92 钢也采用凝固法测定其高温力学性能。

热拉伸时，试样的应变率按实际板坯连铸的应变率进行设定。连铸条件下，连铸坯所受应变速率较小。通常连铸坯的 ε 约为 $10^{-3} s^{-1}$ 数量级，对不同的拉速和夹辊间距、不同的铸坯表温，铸坯宽面和侧面的应变速率在前述数量级下会有一定的差异。研究表明[3]，对高拉速和薄板坯等变形较大的极限条件，铸坯的变形率宽面约为 $10^{-2} s^{-1}$ 数量级，侧面约为 $10^{-3} s^{-1}$ 数量级。对于连铸板坯来说，通常试验选用的应变率为 $10^{-3} s^{-1}$ 数量级。

4.1.4 影响高温力学性能的因素

由蠕变变形和断裂机理可知，要降低蠕变速率，提高蠕变极限，必须控制位错攀移的速率；要提高断裂抗力，即提高持久强度，必须抑制晶界的滑动和空位扩散，也就是说要控制晶内和晶界的扩散过程[4]。这种扩散过程主要取决于合金的化学成分，但又与冶炼工艺、热处理工艺等因素密切相关。

（1）合金化学成分的影响。耐热钢及合金的基体材料一般选用熔点高、自扩散激活能大或层错能低的金属及合金。这是因为在一定的温度下，熔点越高的金属自扩散激活能越大，因而自扩散越慢；如果熔点相同但晶体结构不同，则自扩散激活能越大的，自扩散越慢；堆垛层错能越低的越容易产生扩展位错，使位错难以产生割阶、交滑移及攀移。这都有利于减低蠕变速率。大多数面心立方结构金属的高温强度比体心立方结构的高，这是一个主要的原因。

在基体金属中加入铬、钼、钨、铌等合金元素形成单相固溶体，除产生固溶强化作用外，还因合金元素使层错能降低，容易形成扩展位错，以及溶质原子的结合力较强，增大了扩散激活能，从而提高蠕变极限。一般来说，固溶元素的熔点越高，其原子半径与溶剂相差越大，对热强性提高越有利。

合金中如果有弥散相，由于它能强烈阻碍位错的滑移，因而是提高高温强度更有效的方法。弥散相粒子硬度高、弥散度大、稳定性高，则强化作用就越大。对于时效强化合金，通常在基体中加入相同原子分数的合金元素的情况下，多种元素要比单一元素的效果好。在合金中添加能增加晶界扩散激活能的元素（如硼及稀土等），则既能阻碍晶界滑动，又增大晶界裂纹的表面能，因而对提高蠕变极限，特别是持久强度是很有效的。

（2）冶炼工艺的影响。由于高温合金对杂质元素和气体含量要求更加严格，所以要求更高的冶炼工艺，以降低合金中的夹杂物和某些冶金缺陷。例如，某些镍基合金的实验结果表明，经过真空冶炼后，由于铅的含量由百万分之五降低到百万分之二以下，其持久时间延长了一倍。由于高温合金在使用中通常在垂直于应力方向的横向晶界上易产生裂纹，因此，采用定向凝固工艺使柱状晶沿受力方向生长，减少横向晶界，可以大大提高持久寿命。例如，有一种镍基合金采用定向凝固工艺后，在 760℃、645MPa 应力作用下的断裂寿命可提高 4～5 倍。

（3）热处理工艺的影响。珠光体耐热钢一般采用正火加高温回火工艺。采用较高的正火温度，以促使碳化物较充分而均匀地溶于奥氏体中。回火温度应高于使用温度 100～150℃以上，以提高其在使用温度下的组织稳定性。奥氏体耐热钢或合金一般要进行固溶强化处理和时效处理，使之得到适当的晶粒度，并改善强化相的分布状态。采用形变热处理改变晶界形状，并在晶内形成多边化的亚晶界，可使合金进一步强化，如 GH38、GH78 型铁基合金采用高温形变热处理后，在 550℃ 和 630℃ 的 100h 持久强度分别提高 25% 和 20% 左右，而且还具有较高的持久塑性。

（4）晶粒度的影响。晶粒大小对金属材料高温性能的影响很大。当使用温度低于等强温度时，细晶粒钢有较高的强度；当使用温度高于等强温度时，粗晶粒钢及合金有较高的蠕变抗力与持久强度。但是晶粒太大会使持久塑性和冲击韧性降低。因此，热处理时应考虑采用适当的加热温度，以满足晶粒度的要求。

（5）应变速率对钢的高温性能的影响。铃木洋夫等研究了应变速率对不含铌和含铌钢的热塑性的影响。结果表明，含铌和不含铌钢的热塑性都随着应变速率的降低而变差，并且这种趋势在脆性低谷处（775℃）更加明显。

拉伸速率对材料力学性能的测定具有一定的影响，对屈服强度的影响较大，对抗拉强度的影响不明显。所谓屈服强度是指材料由弹性变形开始向塑性变形转变时所对应的点。金属晶体内存在着许多位错，位错的增殖和运动是材料产生塑性变形的主要原因。位错的运动主要以滑移方式沿一定的滑移面进行。在外加载荷作用下，滑移面向有利于外加载荷的方向移动，这个过程需要一定的时间。当拉伸速率增加时，滑移面向有利于外加载荷方向移动的时间不足，移动不充分，使得位错滑移困难，导致宏观的屈服强度上升。金属在一定的温度下，塑性变形也以一定的速率传播，拉伸速率增加时，金属的塑性变形来不及在整个金属体积内均匀地传播，不利于某些滑移面向外加载荷的方向移动，也表现为宏观的屈服强度上升。同时，金属材料的塑性变形伴随着形变硬化的发生，拉伸速率小时，形变硬化有回复过程，随拉伸速率的提高，回复越来越不充分。形变硬化增加了继续塑性变形的阻力，也会使屈服强度上升。总之，拉伸速率的提高会使得材料的塑性变形困难，导致屈服强度上升。

GB 228—87 标准规定的拉伸速率范围是 3～30MPa/s。当材料的弹性模量小于 150000MPa 时，应力速率为 1～10MPa/s，当弹性模量大于 150000MPa 时，则应力速率为 3～30MPa/s。为保证力学性能指标相对稳定，同时提高检验效率，建议在进行力学试验时将拉伸速率选择在 20～30MPa/s 范围内。

（6）冷却速率对热塑性的影响。铝镇静钢熔融后温度提高到拉伸温度时，改变冷却速率对 R_A 影响的实验表明，冷却速率缓慢时，钢的热塑性可以得到改善，表现在脆化温度范围变窄，脆化曲线的谷底变浅。

4.2　P92 钢的高温力学性能

4.2.1　试验方案

P92 钢在拉伸前，将其加工成尺寸为 $\phi 10mm \times 120mm$ 的棒状试样，试验采用Gleeble - 1500D 热模拟机对其进行高温拉伸。首先试样在工作室内固定，抽真空后，通电加热，使中间部位温度以 10℃/s 的速度升温到 1500℃，保温 3min 后以 3℃/s 的冷却速度降低到拉伸温度直至拉断后喷水冷却。拉伸过程的变形速率设定为 10^{-3} s^{-1}[5]，拉伸温度分别为 600℃、700℃、800℃、900℃、1000℃、1050℃、1100℃、1150℃、1200℃、1250℃、1300℃。拉伸工艺如图 4 - 2 所示。

4.2.2　P92 钢的高温应力 - 应变曲线

图 4 - 3 为 P92 钢在 600～1300℃的应力 - 应变曲线。由图可知，在 900℃以下拉伸时，在每一拉伸温度下，随着应变的增加，P92 钢先发生加工硬化，然后发生颈缩，最后发生断裂，没有动态再结晶发生。在 900℃及以上温度，材料内部同时发生加工硬化、再结晶软化过程，在变形的初始阶段，材料发生的加工硬化占主要地位，随着变形的进行，逐渐转变为再结晶软化占主要地位，直至加工硬化与动态再结晶软化达到平衡。另外，随着拉伸温度的提高，达到平衡状态所需的时间缩短，应变值降低，最大应力下降。且随着拉伸温度的提高，达到相同的应变时，材料内部软化程度大大增加。此外还可以看出，拉伸温度越高，其峰

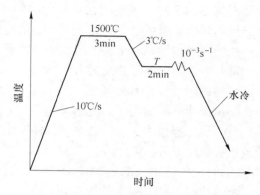

图 4 - 2　P92 钢的高温拉伸工艺曲线

值应力出现得越早。这是由于析出相的钉扎作用阻止了晶界、亚晶界和位错的迁移来延迟动态再结晶，因而随拉伸温度升高，析出相数量下降，析出相对动态再结晶的阻碍作用越小，导致较高拉伸温度时，峰值应力较早出现。

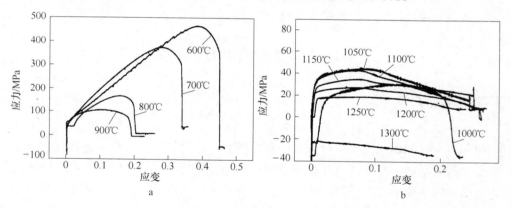

图 4 - 3　P92 钢的高温拉伸应力 - 应变曲线
a—600 ~ 900℃；b—1000 ~ 1300℃

　　由图 4 - 3a 可知，在 600℃、700℃、800℃、900℃温度下，应力随应变的增大而增大，直至拉断。对比这四个温度的最大应力发现其随温度的上升而下降，因为在 600 ~ 800℃变形时，热激活能较低，即使在较大的应变下也难诱发大规模动态再结晶，因此在该温度范围只发生了动态回复，其软化效果始终小于加工硬化效果，曲线呈上升状态。温度越高软化效果越好，所以最大应力随温度的上升而降低。由图 4 - 3b 可知，在 1000 ~ 1300℃时曲线的开始阶段，应力随应变的增大而增大，达到一个最大值之后曲线又呈水平或下降趋势[6]。因为较高温度变形时热激活能较高，在较小的应变下就能诱发动态再结晶，从而消除了绝大部分的位错塞积，其软化效果等于或大于加工硬化效果。

4.2.3 P92 钢的高温强度

抗拉强度与屈服强度常常被认为是金属材料的抗拉强度指标。通过每一温度下的应力－应变曲线，计算得出各拉伸温度下的抗拉强度及屈服强度，如图4－4所示。

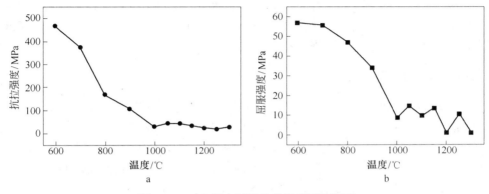

图4－4　P92 钢在不同拉伸温度下的强度

a—抗拉强度；b—屈服强度

典型的应力－应变曲线被认为是分析材料强度的基础。钢的抗拉强度指的是不同温度下钢不产生裂纹的最大允许应力值。从图4－4a 中可以看出，随着拉伸温度的升高，抗拉强度不断降低。600℃ 对应的抗拉强度约为 467.32MPa，1300℃ 对应的抗拉强度约为 24.32MPa。因温度升高，柯氏气团对位错的阻碍作用减小，从而使位错运动变得容易，抗拉强度降低。

对于金属材料而言，不是所有的材料都能看到明显的屈服现象，对于屈服现象不明显的材料，由人为按标准来确定材料的屈服强度，称为条件屈服强度。在工程应用中，为测量方便，在测试标准中，常用 $\sigma_{0.2}$ 表示[7]。根据应力－应变曲线图可以计算得出各个温度下的屈服强度，即 $\sigma_{0.2}$。

由图4－4可知，随着温度的增加，P92 钢的屈服强度总体上在不断降低。600℃ 对应的屈服强度约为 42.88MPa，1300℃ 对应的抗拉强度约为 1.07MPa。屈服强度是材料中的位错克服其周围柯氏气团钉扎的作用力开始滑移时的应力。其中柯氏气团是一些点缺陷，主要存在于位错的周围，由于柯氏气团在位错周围的聚集，整个系统的能量降低。拉伸温度升高，削弱了柯氏气团对位错的钉扎作用，导致位错滑移所需要的作用力减小，因此在宏观上的表现为材料的屈服强度下降；另外，由应力应变图可知，试样在温度高于900℃时出现了动态再结晶的现象，该现象的出现也降低了试样的强度。在1050℃下屈服强度发生了突变，此时，晶界和马氏体的板条上有 Al 的氮化物和碳化物析出，析出相的沉淀强化作用，使钢的屈服强度在该温度下有小幅度的回升，随着温度的升高，柯氏气团对位错的钉扎作用减弱，从而试样的屈服强度又呈现下降的趋势。1150℃以上时，P92 钢的屈服强度呈现出类似锯齿状的变化趋势，但变化幅度不大。主要原因是材料发生了动态应变时效效应。这种现象出现的原因可以用柯氏气团来解释，一方面，随着拉伸温度的升高，溶质更易扩散到位错的周围，从而很容易形成气团；另一方面，随着温度的升高，位错的活动能力增强，位错的运动过程中容易摆脱气团的束缚，正是由于这种现象的存在，钉扎气团与摆脱气团形成了动态的平衡，屈服强度则表现出呈锯齿状变化[8]。

4.2.4　P92 钢的高温塑韧性

断面收缩率为材料的塑性指标之一。图 4 - 5 为 P92 钢在不同拉伸温度下的断面收缩率。由图可以看出，断面收缩率无明显的规律性变化。在 1000℃、1100℃、1300℃拉伸温度下，P92 钢的断面收缩率降到最低点，对应值分别为 51%、68%、47%。通常情况下，把断面收缩率指标作为脆性评定指标，当断面收缩率小于 60% 时，认为该区域的韧性指标较差，为脆性区域。

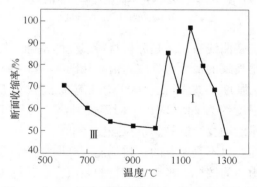

图 4 - 5　P92 钢在不同拉伸温度下的断面收缩率

由图 4 - 5 可以看出，P92 钢有两个脆性区Ⅰ、Ⅲ。通常情况下，第二脆性区在应变速率大于 10^{-2} 时会出现。从图中可以看出，第一脆性区域在 1300℃至材料熔点之间。因 S、P、O 等杂质元素在树枝晶间聚集，形成低熔点液相膜。在一定的拉应力作用下，材料沿液相膜发生断裂，即沿树枝晶断裂。第三脆性区在 700 ~ 1000℃拉伸温度之间，在一定的拉应力下晶界移动时，在基体与析出物之间形成空位，随着拉伸过程的进行，空位不断聚集形成裂纹。在 1050 ~ 1250℃时，P92 钢具有较好的热塑性，断面收缩率均大于 60%。

综上所述，钢的高温脆性产生的根本原因是高温变形时晶界强度的降低和晶界滑移的发生。其主要机理如下：沿晶析出的先共析铁素体的强度低于奥氏体，因此应力会在沿晶分布的铁素体中集中，使得微孔洞在晶界上形核、长大、聚集形成裂纹，最终导致沿晶断裂。第二相沿晶析出并长大，降低了晶界强度，形成应力集中源，在应力作用下易在晶界产生裂纹，裂纹沿晶界扩展、长大，造成沿晶断裂[9]。细小析出物钉扎晶界，阻碍了晶界迁移的进行，使得通过晶界滑移形成微孔变得容易，导致在晶界三重点处形成楔形裂纹，降低钢的高温塑性。

4.3　P92 钢近断口处组织

4.3.1　P92 钢在不同拉伸温度下的近断口处组织

图 4 − 6 所示为不同拉伸温度下 P92 钢近断口处的组织。由图可知，在 600 ~ 1300℃区间的不同拉伸温度拉断水冷后，近断口处的组织几乎不发生变化，均为马氏体 + 残余奥氏体组织 + 析出相，只是拉伸温度不同，析出相不同。因拉断后采用水冷，冷却速率较大，抑制了析出物在此过程中的析出，因此从拉伸断裂冷却到室温的过程中，析出物很少。故拉伸时高温组织与拉断水冷后的组织中析出物基本不发生变化，只是基体组织发生了变化。P92 钢为低碳高合金钢，具有较高的淬透性，在拉断后水冷的情况下，冷却速率远远超过临界冷却速率，拉伸温度时的奥氏体组织（$T \geqslant 850$℃）或过冷奥氏体（$T < 850$℃）组织，冷却到室温将得到板条马氏体与残余奥氏体的整合组织。同时发现，在不同拉伸温度下，奥氏体的晶粒度不同。

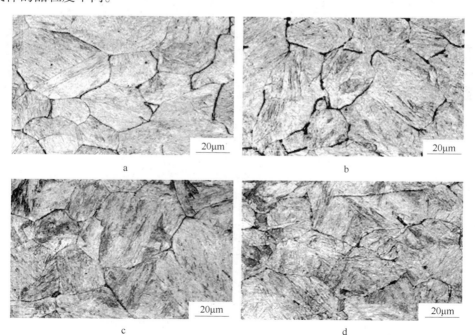

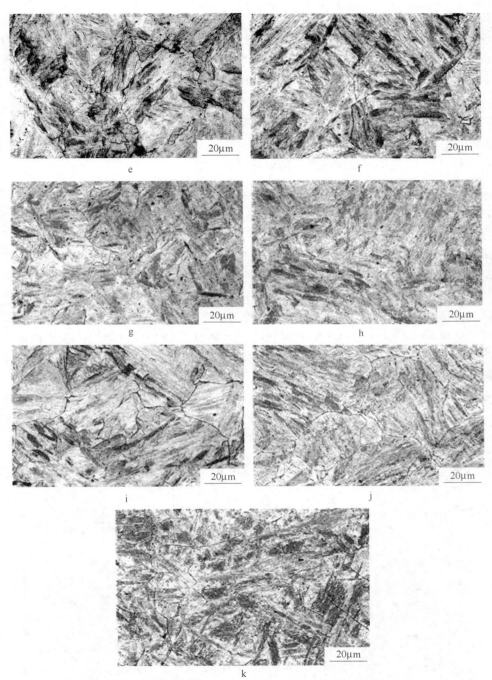

图 4-6 不同拉伸温度下 P92 钢近断口处的组织（LSCM）

a—600℃；b—700℃；c—800℃；d—900℃；e—1000℃；f—1050℃；

g—1100℃；h—1150℃；i—1200℃；j—1250℃；k—1300℃

由 P92 钢的 CCT 图可知，P92 钢的 A_{c1} 约为 845℃，A_{c3} 约为 945℃。P92 钢在 600～900℃拉伸时，从 1300℃下降到 600～800℃的每一个拉伸温度下，因保温时间及冷却过程时间短，先共析铁素体不能析出，共析转变尚未发生，冷却过程中在奥氏体的晶界及晶内都有析出相析出，拉伸温度的高温组织为过冷奥氏体＋析出相，拉断喷水冷却之后，过冷奥氏体转变为马氏体与残余奥氏体组织，析出相保留了下来，所以，室温组织为马氏体＋残余奥氏体＋析出相。从组织照片可知，沿拉伸方向晶粒变长，有明显的变形痕迹，表明 900℃以下 P92 钢并未发生动态再结晶，只发生了动态回复现象，如图 4-6a～c 所示。随着拉伸温度的升高，当拉伸温度在 1000～1100℃时，此温度区间得到的高温组织为奥氏体与析出相，拉伸时表面奥氏体产生很强烈的加工硬化，形变强化的结果促使奥氏体向马氏体转变[10,11]，拉伸时高温组织为奥氏体＋马氏体＋析出物，在拉断喷水冷却后高温组织转变为马氏体＋残余奥氏体＋析出相，如图 4-6f、g 所示。同时发现，在 900℃以上拉伸时，P92 钢发生部分再结晶现象，在高温奥氏体晶界上出现再结晶形成的部分小晶粒。在高于 1100℃拉伸时，形变诱发马氏体转变几乎不能发生，因此，大于 1100℃温度拉伸时的高温组织为奥氏体＋析出相，在喷水冷却后得到的组织为马氏体＋残余奥氏体＋析出物。因此，每一拉伸温度拉断喷水冷却后得到的基体组织均为马氏体＋残余奥氏体。随着拉伸温度的降低，析出相的种类与数量不断增多，这与金相组织图片相吻合。

通常情况下，材料的组织与性能具有一一对应的关系。组织的变化能很好地解释材料的性能变化规律。P92 钢的组织状态可以很好地解释 P92 钢在 600～1300℃拉伸时韧性的变化规律。在不同温度下，材料的韧性受析出相数量、加工硬化、再结晶软化程度等的共同影响。低于 1000℃拉伸时，随拉伸温度的升高，因材料没有发生动态再结晶，只发生动态回复现象，同时，加工硬化程度远远大于回复软化过程，材料强硬度升高，塑韧性降低；在 1000～1050℃拉伸时，因动态再结晶使软化作用增强，故塑韧性升高；当在温度大于 1050℃拉伸时，基体组织中出现硬脆的马氏体组织，使材料韧性降低；当温度大于 1100℃时，马氏体组织消失，使其韧性又略有升高；当拉伸温度大于 1150℃时，晶界出现部分低熔点液相膜，从而使韧性重新降低。

4.3.2　P92 钢在不同拉伸温度下的析出物

对 P92 钢各温度近断口处的平面进行萃取复型取样，分析在拉伸温度下析出的物质及形貌，可以进一步了解 P92 钢高温力学性能的变化，特别是高温强化机理。

P92 钢在 1000℃及以上高温拉伸时析出物的形貌及能谱分析如图 4-7 所示。P92 钢先加热至 1500℃保温 3min，在此过程中，大部分合金元素溶于奥氏体中。

随后降温到拉伸温度保温 2min，拉断后水冷。在拉断后水冷过程中，冷却速度较快，析出物较少，故每一拉伸温度的析出物主要是以 1500℃降温到拉伸温度及在拉伸温度保温的过程中析出为主。

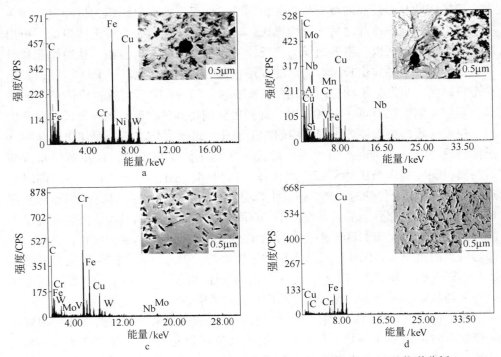

图 4-7　P92 钢在 1000℃及以上拉伸时析出物的形貌（TEM）及能谱分析

a—1300℃；b—1200℃；c—1100℃；d—1000℃

图 4-7a 为 P92 钢在 1300℃高温拉伸时析出物的形貌及能谱分析，由图可知该点析出物为颗粒状，其直径约为 0.25μm；经能谱分析可知其主要含有 C、Cr、Fe、Ni、W 元素，通过能谱中显示的各元素原子分数，对应可以计算得出各元素与碳元素的相对原子百分比；结合相图及文献 [12]、[13] 可知，从 1500℃到 1300℃可能析出的碳化物为 M_6C 型碳化物，故得出 P92 钢从 1500℃降温到 1300℃时析出的物质为 M_6C 型碳化物。从图 4-7b 可看出，在 1200℃拉伸试样时析出物的形貌为短棒状，其位于晶界处，尺寸约为 $\phi0.15\mu m \times 0.36\mu m$，根据所对应的 EDX 能谱图分析可知，其含有 C、Al、Si、Mo、Mn、Cr、V、Fe、Nb 元素，其中 Nb、V 等为强碳化物形成元素，采用同样原理分析得出该析出物为 MC 型碳化物，其他元素以固溶或晶界偏聚的形式存在。1100℃拉伸试样时析出物的形貌如图 4-7c 所示，该析出物为短棒状，尺寸约为 $\phi0.03\mu m \times 0.22\mu m$，含 C、V、Cr、Fe、W、Nb、Mo 元素，其中 V、Nb 等为强碳化物形成元素，分析得出析出物为 MC 型碳化物。由于析出的位向不同，其与 1200℃析出物的形貌

不同。1000℃与1100℃拉伸试样时析出物的形貌基本相同且尺寸接近，含有 C、Fe、Cr，经分析该析出物为 M_3C 型碳化物。

P92 钢在1000℃以下高温拉伸时析出物的形貌及能谱分析见图4-8。

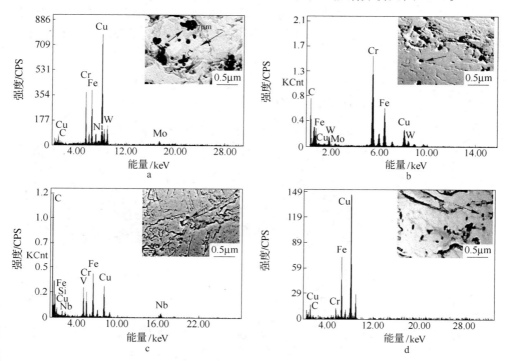

图 4-8　P92 钢在 1000℃以下拉伸时析出物的形貌（TEM）及能谱分析

a，b—900℃；c—800℃；d—600℃

图 4-8a、b 均为900℃拉伸试样时析出物的形貌及能谱分析，图 4-8a 中的析出相为粒状，直径约为 0.37μm，含有 C、Cr、Fe、Ni、W、Mo 元素，其中 Cr、Fe、W、Mo 是 $M_{23}C_6$ 型碳化物主要形成元素，经计算，金属元素与 C 的原子比例约为 4:1。文献［14］中指出 $M_{23}C_6$ 型碳化物约在950℃析出，该温度拉伸过程满足 $M_{23}C_6$ 型碳化物析出条件，因此判断该析出物是 $M_{23}C_6$ 型碳化物。图 4-8b 为 P92 钢在900℃拉伸时的析出物，形貌为颗粒状，直径约为 0.15μm，含有 C、Cr、Fe、W、Mo 元素，经分析该析出物为 M_7C_3 型碳化物。图 4-8c 为 800℃拉伸试样时析出物的 TEM 形貌及能谱分析，析出相颗粒状，直径约 0.08μm，含有 C、Cr、Fe、Nb、V 元素，该析出物为 M_3C 型碳化物。600℃拉伸温度下的析出物形貌如图 4-8d 所示，析出物的主要呈短棒状或粒状，析出物的数量也较多，分布于原奥氏体晶界或晶内，含有 C、Cr、Fe 元素，经分析该析出物为 M_3C 型碳化物。

4.4 P92 钢在不同拉伸温度的晶粒度

晶粒尺寸不同，高温力学性能不同。P92 钢在 600℃、800℃、1000℃、1200℃温度下的晶粒度如图 4-9 所示。利用截线法[15]对各温度下奥氏体的平均晶粒尺寸进行测定。

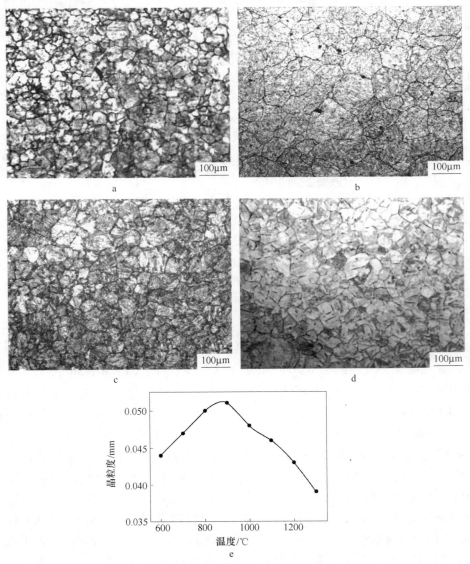

图 4-9 P92 钢在不同拉伸温度下的晶粒度（OM）
a—600℃；b—800℃；c—1000℃；d—1200℃；e—晶粒度变化曲线

　　以各拉伸温度为横坐标，以各温度下测得的平均晶粒度为纵坐标，得到各拉伸温度下晶粒度的变化曲线，如图 4-9e 所示。由图可见，在 600~800℃ 晶粒尺寸随拉伸温度的升高而变大；900℃ 以上温度，晶粒尺寸随温度升高而降低。由应力应变曲线可以判断 P92 钢在应变速率为 $10^{-3} s^{-1}$ 时，在 900℃ 发生了动态再结晶。因为在相同应变速率下，在较低温度变形，动态再结晶过程越不容易发生，故 900℃ 温度以下，受温度影响，晶粒度随温度升高而增大。900℃ 以上为动态再结晶阶段，温度越高动态再结晶过程发生越充分，再结晶百分数较大，再结晶晶粒尺寸越小。所以当拉伸温度高于 900℃ 时，随着拉伸温度的升高，再结晶比例增加，平均晶粒直径减小。

4.5　P92 钢在不同拉伸温度下近断口处的硬度

　　以拉伸温度为横坐标，各温度下试样的平均洛氏硬度为纵坐标作图，得出硬度随温度的变化曲线，如图 4-10 所示。由图可知，在 600~1000℃，随温度的升高硬度呈下降的变化趋势，在 600℃ 时硬度最大，约为 44.1HRC，1000℃ 时硬度最小，约为 30HRC；温度超过 1000℃ 之后硬度先升高后降低。P92 钢的高温拉伸工艺采用凝固法，先加热到 1500℃ 后降温到拉伸温度直至拉断后水冷到室温。因 P92 钢含有大量的合金元素，淬透性较强，在拉断之前整个冷却过程中，所用时间较短，冷却速度较快，依据 CCT 图可知，冷却速度较快，未进入高温珠光体相变区，所以最终得到的组织皆为马氏体 + 残余奥氏体 + 析出物，只是组织中各相的含量不同。因试样拉断后进行水冷，冷却速度非常快，从拉断到室温几乎没有析出物的析出。拉伸温度不同时组织中的析出物种类、析出物数量及析出物的分布情况都会有所不同。拉伸温度越高，析出物越少。各拉伸温度拉断喷水冷却后试样近断口处硬度受析出相沉淀强化及加工硬化和细晶强化作用的共同影响，故硬度变化比较复杂。试样在 600~1000℃ 温度范围内拉伸时，随着温度的升高，析出相的种类及数量不断减少，即沉淀强化作用不断减弱；同时动态回复作用增强也会使材料的硬度下降；另外，随着拉伸温度的升高，晶粒不断粗化。所以，随着拉伸温度的升高，P92 钢的硬度呈降低趋势。当拉伸温度由 1000℃ 升至 1100℃ 时，由于应力诱导马氏体相变，基体组织中马氏体含量增加，而马氏体属于硬化相，它的硬化能力远远大于由沉淀强化的减弱、动态再结晶增强而导致的软化作用；同时，温度升高，晶粒细化，从而使其平均硬度上升。在 1100℃ 之上拉伸时，随着温度升高，沉淀强化作用减弱、动态再结晶的增强均使材料硬度降低；相反，由于动态再结晶晶粒尺寸不断降低，其硬度升高，其中软化作用远远大于硬化的作用，故 P92 钢的平均硬度又呈下降趋势。

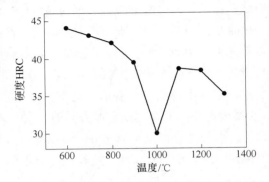

图 4 - 10 P92 钢在各拉伸温度下的硬度变化曲线

4.6 P92 钢的高温断口形貌

图 4 - 11 为 P92 钢在不同拉伸温度下断口的宏观及微观形貌。

从宏观断口看出，在 600 ~ 900℃拉伸时，拉伸试样无明显的表面氧化现象，在 900℃以上拉伸时，拉伸断口表面逐渐转向发黑，断口附近表面组织逐渐被破

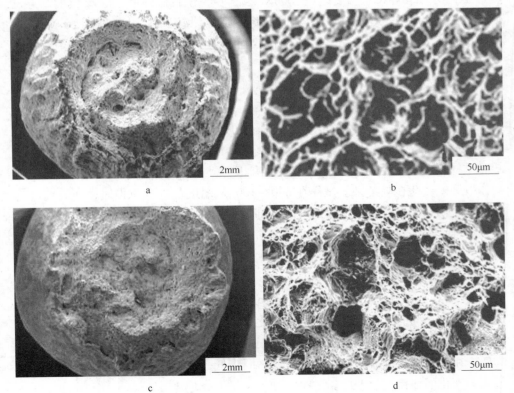

a

b

c

d

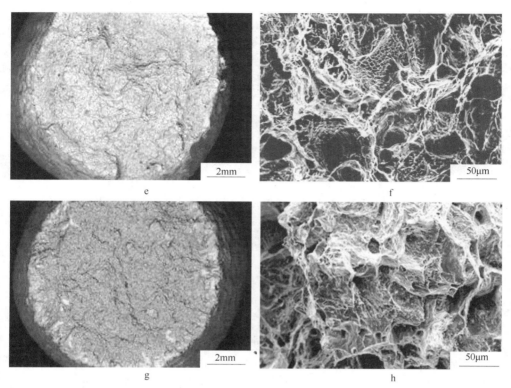

图 4 - 11　P92 钢在不同拉伸温度下断口的宏观及微观形貌（SEM）

a，b—600℃；c，d—700℃；e，f—800℃；g，h—900℃

坏，撕裂现象愈加明显。这不仅与高温下样品的表面氧化有关，同时也与高温下原子热运动导致晶粒强度及晶间结合强度降低有关。P92 合金的高温断口表现为以韧性断裂为主，韧性和脆性特征共存的现象。由图 4 - 11a、c 可知，P92 钢在 600～700℃拉伸时，宏观断口表面不平整，表现为多点起裂的撕裂断口，断口出现塑性变形的孔洞，微观为韧窝断口形貌；由图4 - 11e、g 可知，相对于 600℃、700℃，宏观断口变得平整，起裂点相对较少，有少量的二次裂纹，塑孔不断扩展长大，孔洞加深，塑孔内壁出现微小韧窝状组织，韧窝断口明显，且部分韧窝深度加大，表明随着温度升高，材料滑移变形更加充分。

　　图 4 - 12 为 P92 钢在 1000℃拉伸时的宏观及微观断口形貌。由图可知，P92 钢在 1000℃拉伸时，宏观断口为杯锥状，表明材料在断裂前发生了较大的塑性变形。微观断口为"冰糖"块状，其周围塑性变形不明显，此时试样为沿晶断裂。1000℃拉伸时，晶粒内滑移塑性变形程度较低温的少，出现沿晶开裂的孔洞，说明由于温度升高，材料由位错滑移变形向晶界开裂演化。

　　图 4 - 13 为 P92 钢在 1050～1300℃拉伸时的宏观及微观断口形貌。可知，随着拉伸温度的升高，宏观断口出现的孔洞不断增加，且断面尺寸越来越小，最后

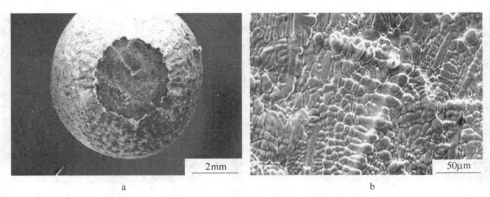

图 4 – 12　P92 钢在 1000℃拉伸时的宏观及微观断口形貌（SEM）

a—拉伸时断口的宏观形貌；b—拉伸时断口的微观形貌

形成杯锥状微观断口，断面较平，微观韧窝状断口越来越不明显，几乎看不到二次裂纹，如图 4 – 13a、c、e 所示。当温度超过 1150℃时，晶界上形成较大的塑孔，晶界强度急剧下降，变形断裂方式为晶界开裂；同时，由于拉伸时断面收缩，电流急剧升高，在断面裂纹处发生放电，使断面出现部分熔化现象，如图 4 – 13g、i、k 所示。拉伸时，一方面，由于拉伸应力超过材料的屈服强度时会发生塑性变形，颈缩时由于产生应力三轴度，第二相颗粒周围堆积的位错环发生堆积，形成新的位错环，不同滑移面上的位错环不断沿着塑孔方向推进，使塑孔内颈缩迅速扩展；另一方面，高温热激活使位错环密度减小、位错阻力减小、位错移动速度加快，塑孔扩展的速度也变快，从而发生聚合、长大，形成较大的塑孔[16]。所以，温度较低时，断口表现为韧窝特征，随温度的升高，韧窝特征由撕裂型逐渐转变为等轴型。高温下原子容易迁移，原子间结合能力减弱，断口形貌由塑孔和韧窝特征逐渐转变为以塑孔为主。其次，温度升高时，晶粒强度与晶界强度都降低，但由于晶界原子排列不规则，扩散容易进行，受力后晶界易产生滑动，晶界滑动在晶界上形成裂纹并逐渐扩展而导致晶间断裂，于是变形方式由穿晶断裂演变为晶间断裂[17]。

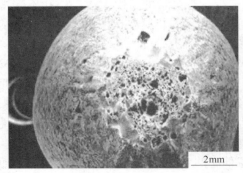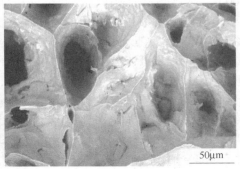

a　　　　　　　　　　　　　　　b

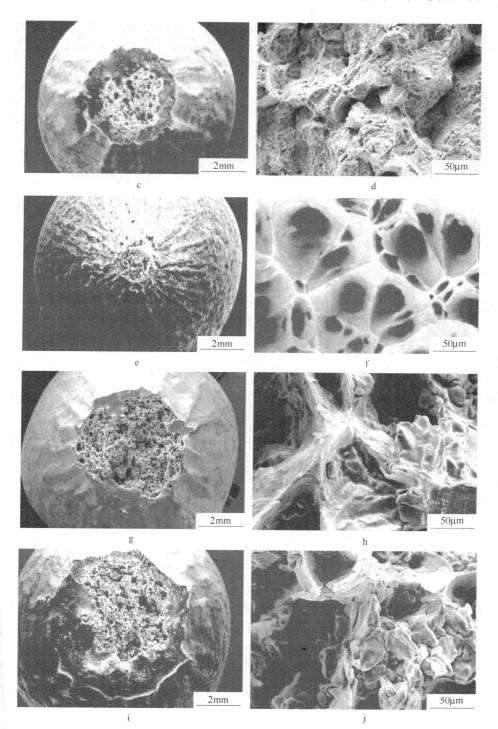

c

d

e

f

g

h

i

j

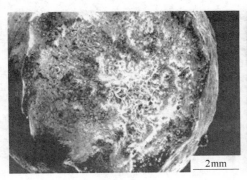
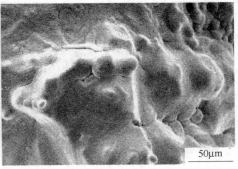

图 4-13　P92 钢在不同拉伸温度下的宏观及微观断口形貌（SEM）

a, b—1050℃；c, d—1100℃；e, f—1150℃；

g, h—1200℃；i, j—1250℃；k, l—1300℃

参 考 文 献

[1] 常桂华，曹亚丹，吕志升，等. 连铸坯的高温力学性能分析 [J]. 鞍钢技术，2007 (6)：25～29.

[2] 康向东，邸洪双，张晓明，等. 低碳钢高温力学性能的研究 [J]. 钢铁研究，2003 (3)：32～34.

[3] 冯科，韩志伟，王勇，等. 连铸板坯高温力学性能参数的试验研究 [J]. 钢铁技术，2008 (2)：10～14.

[4] 李红丹，张庆志，刘巍. 影响金属高温力学性能的因素 [J]. 科技创新导报，2007 (35)：108.

[5] Chen J, Young B. Stress – strain curves for stainless steel at elevated temperatures [J]. Eng. Structures, 2006, 28 (2)：229～239.

[6] Kankanamge N D, Mahendran M. Mechanical properties of cold – formed steels at elevated temperature [J]. Thin – Walled Structures, 2011, 49 (1)：26～44.

[7] Vorhauer A, Kleber S, Pippan R. Influence of processing temperature on microstructural and mechanical properties of high – alloyed single – phase steels subjected to severe plastic deformation [J]. Mater. Sci. Eng. A, 2005, 410～411：281～284.

[8] Elghazouli A Y, Cashell K A, Izzuddin B A. Experimental evaluation of the mechanical properties of steel reinforcement at elevated temperature [J]. J. Fire Safety, 2009, 44 (6)：909～919.

[9] Mintz B, Yue S, Jonas J J. Hot ductility of steels and its relationship to the problem of transverse cracking during continuous casting [J]. Int. Mater. Rev., 1991, 36 (3)：187～216.

［10］ Wang H Z, Yang P, Mao W M, et al. Effect of hot deformation of austenite on martensitic transformation in high manganese steel ［J］. J. Alloys. Compd. , 2013, 558: 26 ~ 33.

［11］ Miyamoto G, Iwata N, Takayama N, et al. Variant selection of lath martensite and bainite transformation in low carbon steel by ausforming ［J］. J. Alloys. Compd. , 2013, 577: S528 ~ S532.

［12］ 钟文. P91 高合金钢连铸坯凝固后的组织和力学性能研究 ［D］. 长沙: 中南大学, 2012.

［13］ 戴起勋. 金属材料学 ［M］. 北京: 化学工业出版社, 2005.

［14］ 赵义瀚. 超超临界汽轮机耐热钢设计及析出物研究 ［D］. 哈尔滨: 哈尔滨工程大学, 2012.

［15］ Chiu Y T, Lin C K, Wu J C. High – temperature tensile and creep properties of a ferritic stainless steel for interconnect in solid oxide fuel cell ［J］. J. Power Sources, 2011, 196 (4): 2005 ~ 2012.

［16］ 胡文军, 潘晓霞, 陈勇梅, 等. 温度对 V – 5Cr – 5Ti 合金拉伸性能及组织结构的影响 ［J］. 材料科学与工程学报, 2011, 4 (29): 564 ~ 570.

［17］ 朱立光, 路文刚. GCr15 轴承钢高温力学性能的研究 ［J］. 特殊钢, 2007, 28 (4): 7 ~ 9.

5 P92 钢的抗氧化性能

P92 钢是在 Cr – Mo 钢基础上添加了 W、Nb 和 V 等元素，使得其高温蠕变强度、服役温度较 P91 钢有进一步的提高。在同等工况下，P92 型铁素体耐热钢因其热强性较高、成本较低、工艺和使用性能良好等诸多优点在超临界、超超临界火电机组中得到广泛应用。这些耐热钢零部件在特殊的工况下（高温、磨料磨损等）与氧化性气体（O_2、H_2O、CO_2、SO_2 等）接触时，会发生氧化反应，对电力工业生产和零部件的使用寿命都会产生不利的影响，因此不仅要求材质具有一定的耐磨性，还要有良好的抗氧化性，才能满足其使用性能要求。

在合金中添加适量的稀土元素，或在合金表面施加含有稀土元素的涂层，可以显著降低合金的高温氧化速率，提高氧化膜的抗剥落抗力，改善合金的抗高温氧化性能。

依据 P92 钢的服役温度，选取不同的温度，研究 P92 钢及稀土复合涂层在高温空气介质中的抗氧化性能，分析氧化膜的形成种类、氧化特点及氧化机制，温度对氧化产物的种类及抗氧化性的影响规律，可以为提高超超临界机组的使用温度，从而进一步为提高发电机组的效率、预防失效事故提供理论依据。

5.1 钢的抗氧化性

钢的抗氧化性是指钢在高温下抗氧化或抗高温介质腐蚀的能力。用单位时间、单位面积上氧化后质量增加或减少的数值表示。抗氧化能力的高低主要由金属材料的成分决定。

钢在高温下与氧发生化学反应，若能在表面形成一层致密、并能牢固地与金属表面结合的氧化膜，那么钢将不再被氧化。钢和合金在高温下与空气接触将发生氧化，表面氧化膜的结构因温度和合金的化学成分而有着不同的化学稳定性[1]。钢在 575℃ 以下，表面生成 Fe_2O_3 和 Fe_3O_4 层，在 575℃ 以上生成 FeO，此时氧化膜外表层为 Fe_2O_3，中间层为 Fe_3O_4，与钢接触层为 FeO。当 FeO 出现时，钢的氧化速度剧增。因 FeO 为铁的缺位固溶体，铁离子有很高的扩散速率，因而 FeO 层增厚最快，Fe_2O_3 和 Fe_3O_4 层较薄。氧化膜的生成依靠铁离子向表层扩散，氧离子向内层扩散。由于铁离子的半径比氧离子的小，因而氧化膜的生成主要靠铁离子向外扩散。要提高钢的抗氧化性，首先要阻止 FeO 出现。加入能形成稳定而致密氧化膜的合金元素，使铁离子和氧离子通过膜的扩散速率减慢，并使膜与基体牢固结合，从而提高钢和合金在高温下的化学稳定性。

合金元素对钢的氧化速度的影响见图 5 - 1。P92 钢中含有铬、铝、硅等元素时，在氧化过程中，由于铁离子的氧化消耗，铬、铝、硅等元素的氧化物比较稳定，会使氧化膜底层逐渐富集为稳定氧化物的膜层，形成以合金元素氧化物为主的氧化膜，这些稳定致密的氧化膜有效地阻止了铁原子、氧原子的扩散，提高了钢的抗氧化性。同时这些元素可以提高 FeO 出现的温度，改善钢的高温化学稳定性。就质量分数而言，1.03% Cr 可使 FeO 在 600℃ 出现，1.14% Si 可使 FeO 在 750℃ 出现，1.1% Cr + 0.4% Si 可使 FeO 在 800℃ 出现。Ni 元素对钢的氧化速度影响不大。

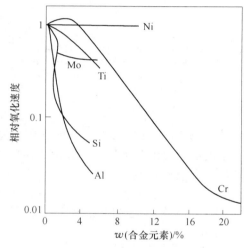

图 5 - 1 合金元素对钢氧化速度的影响

当铬和铝含量高时，通常在钢的表面可生成致密的 $FeO \cdot Cr_2O_3$ 或 $FeO \cdot Al_2O_3$ 等尖晶石类型的氧化膜，含硅时在钢中生成 Fe_2SiO_4 氧化膜，它们都有良好的保护作用。铬是提高抗氧化能力的主要元素，铝也能提高钢的抗氧化能力。硅加入时增加钢的脆性，加入量受到限制，只能作辅加元素。其他元素对钢抗氧化能力影响不大。少量稀土金属或碱土金属能提高耐热钢和耐热合金的抗氧化能力，特别在 1000℃ 以上，使高温下晶界优先氧化的现象几乎消失。钨和钼将降低钢和合金的抗氧化能力，由于氧化膜内层贴着金属生成含钨和钼的氧化物，而 MoO_3 和 WO_3 具有低熔点和高挥发性，使抗氧化能力变弱。

高于 400℃ 的水蒸气能使钢氧化：

$$3Fe + 4H_2O \Longleftrightarrow Fe_3O_4 + 4H_2 \qquad (5-1)$$

氢扩散到钢中将引起脱碳，生成甲烷，并在晶界析出，引起裂缝，即氢腐蚀。

5.1.1 钢的高温氧化膜的构成及变化

5.1.1.1 氧化膜的组成

在 575℃以下，氧化膜包括 Fe_2O_3、Fe_3O_4 两层；在 575℃以上，氧化膜分为三层，由内到外依次是 FeO、Fe_3O_4、Fe_2O_3，如图 5 - 2 所示。三层氧化物的厚度比为 100:5 ~ 10:1，即 FeO 最厚，约占 90%；Fe_2O_3 最薄，占 1%。

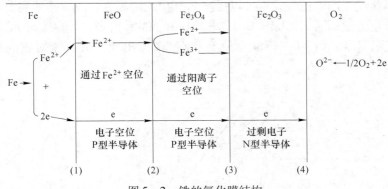

图 5 - 2 铁的氧化膜结构

平衡图是高温氧化体系的相图，铁的 $\Delta G^{\ominus} - T$ 的平衡图如图 5 - 3 所示，从图上很容易求出给定温度下的氧化物的分解压。直线间界定的区域表示一种氧化物处于热力学稳定状态的温度和氧压范围。

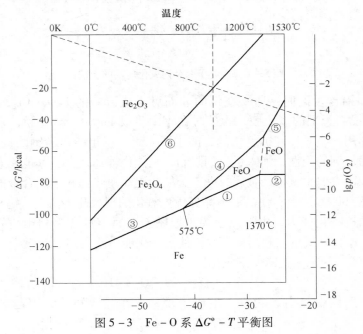

图 5 - 3 Fe - O 系 $\Delta G^{\ominus} - T$ 平衡图

5.1.1.2 氧化膜随温度及时间的变化

铁在氧气中氧化时，生成氧化物各层的厚度随着温度会发生变化，随着温度的升高，FeO 的厚度比例不断增加，Fe_3O_4 的厚度比例不断降低，Fe_2O_3 的厚度比例几乎不变，如图 5-4 所示。随着氧化时间的延长，各层氧化膜的厚度在不断的增加，只是增加的幅度不同而已，如图 5-5 所示。

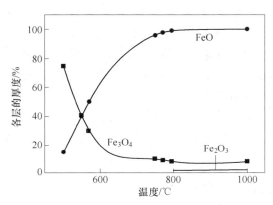

图 5-4 在 1atm（1atm = 101.325kPa）氧气中加热时铁的氧化层组成随温度的变化

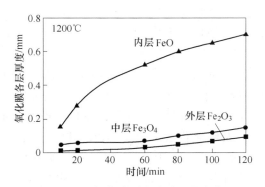

图 5-5 氧化膜厚度随时间的变化

5.1.2 影响抗氧化性的因素

影响抗氧化性的因素可以分为内在因素与外在因素。内在因素包括金属化学成分、金属微观结构、表面处理状态等；外在因素包括温度、气体成分、压力、流速等。

（1）化学成分的影响。材料的化学成分不同，抗氧化性能不同，通常情况下，对氧化抵抗作用的高低与生成氧化膜的特性有密切关系，为了形成致密的膜，提高材料的抗氧化性，在合金中常常要加入 Cr、Al、Si 等元素。

（2）温度。温度是金属高温氧化的一个重要因素。温度不同，原子的扩散速度不同，生成的氧化膜不同，抗氧化性不同。

（3）时间。在温度恒定时，金属的氧化服从一定的动力学公式，从中反映出氧化过程的机制和控制因素。除直线规律外，氧化速度随着试验时间的延长而下降，表明氧化膜形成后对金属起到了保护作用。

（4）气体成分及压力。气体成分与压力不同，造成气体原子的扩散速度不同，氧化速度不同。故气体成分与压力影响材料的抗氧化性。

（5）气体与合金元素的扩散系数。合金的氧化实质是元素之间的相互扩散造成的。扩散系数不同，氧化速度不同，故扩散系数影响材料的抗氧化性。

（6）氧化膜的稳定性。稳定致密的氧化膜减慢合金元素与介质原子的相互扩散。当氧化膜疏松、易脱落时，又会引起抗氧化性的下降。

（7）晶粒大小。晶粒大小对金属氧化性能的影响，一般可归结为晶界对扩散传质过程作用的大小。根据合金元素含量的大小，晶粒大小对抗氧化性有着不同的影响。

5.1.3 钢的抗氧化性研究方法

钢的抗氧化性研究方法有重量增加法、重量损失法和循环氧化法。

（1）重量增加法。重量增加法就是材料在实验周期结束后计算氧化增重值（不允许损失氧化皮）。它适用于在实验温度下不易产生挥发性氧化物的合金及涂层。

（2）重量损失法。重量损失法就是材料在实验结束后经过氧化皮清除后计算减重值（表面氧化皮需清洗干净）。它适用于在实验过程中，易产生挥发性氧化物（如含钨钼铌等元素）的情况。带涂层的试样不推荐使用本方法。

（3）循环氧化法。循环氧化法就是材料在实验过程中采用冷热交变进行实验，氧化皮任其自然脱落。它适用于高温合金，高温防护涂层的抗氧化性对比实验，也适用于测定材料和涂层在该实验条件下抗氧化寿命。

5.1.4 氧化产物分析技术

金属材料的氧化行为要借助抗氧化性试验解释，因此必须要对氧化产物进行分析，包括了解形成氧化物的种类，氧化膜表面及断面形貌，元素分布等。

（1）相分析。相分析是金属氧化后最基本的分析步骤，以此了解金属氧化后的产物、晶体结构等。通常情况下，X 射线衍射（XRD）应用最广。但是，对于非常薄的膜 XRD 穿透深度大（几十微米），获得的主要是基体合金的信息，而表面薄膜的峰却十分弱或不出现。

（2）形貌观察。表面形貌观察可以明确氧化膜是否完整，是否存在特殊形貌区域以及晶粒大小等。最简单的观察手段是光学显微镜（OM）。但是 OM 放大倍率低，景深小，目前更多的是使用扫描电子显微镜（SEM）。由于 SEM 具有空间分辨率高（几纳米）、倍率覆盖范围广（从几倍到几万倍）、景深大、立体感强、制样简单、试样可在大范围内移动等一系列优点，而特别适于观察氧化膜表面形貌。

（3）成分分析。与利用 XRD 进行相分析不同，为了了解金属元素或氧在氧化膜内的分布、异相质点成分、内氧化物等，就要对成分进行沿深度或平行表面的分析，分析的区域可以是点、线或面。常用分析手段是能量色散谱仪（EDS）。常规的 SEM 上就配有 EDS，使得 SEM 不只用以观察形貌，利用 EDS 还可做同步的"点分析""线分析""面分析"。

（4）显微结构。显微结构是指有关氧化物晶粒尺寸、晶界、氧化膜/合金界面结构，微裂纹，微空洞等。分析仪器主要有 SEM、TEM。

5.2 P92 钢的抗氧化性研究方案

5.2.1 抗氧化试样的制备

将 P92 钢焊接接头中的母材区、热影响区和焊缝区采用线切割制成 10mm × 10mm × 3mm 尺寸的试样。

5.2.2 试验前准备

具体如下：

（1）试样标记可用容器上的标号代之或用电笔在试样上作标记。

（2）在金相砂纸上轻轻打去试样棱角、毛刺，然后测量尺寸，计算表面积（试样各面的面积总和）。

（3）用汽油、酒精或其他方法将试样清洗干净（不允许存在油渍、锈迹等），吹干后放进干燥器内，静置 1h 后称量各试样的原始质量。

（4）采用重量增加法进行试验，选用干净无残存物的瓷舟或坩埚，并用铁器写号作标记。

（5）将坩埚或瓷舟放入高于试验温度 50℃ 的炉内焙烧。焙烧时间以坩埚恒重而定，一般每次 3～5h，焙烧出炉冷却后及时移入干燥器内，在天平室静置 1h 后称重，照此重复，直到前后两次称重差值不大于 0.0002g，则认为已达恒重，放入干燥器内备用，记录坩埚质量。

5.2.3 抗氧化试验方案

采用增重法对 P92 钢焊接接头各个区域进行抗氧化性试验。将试样放到准备好的坩埚内，用天平称重，把盛有试样的坩埚放到中温箱式电阻炉内加热，分别加热到600℃和650℃，炉内各点温度要均匀，与规定温度的偏差不超过±5℃。在保温20h断电冷却后取出称重，计算加热前后质量变化。重复加热、保温、冷却、称重，试验总时间为100h。

5.3 P92钢焊接接头高温抗氧化动力学曲线

把焊接接头分为6部分进行研究，即焊缝区、热影响区A、热影响区B、热影响区C、热影响区D、母材区。A、B、C、D分别距离焊缝3mm、6mm、9mm、12mm。通过氧化实验，不同时间焊接接头各部位的增重如表5-1所示。

表5-1 P92钢焊接接头各区域的增重（650℃）　　　　　（mg/cm²）

区域　　　　时间/h	20	40	60	80	100
母材	0.73	0.95	1.12	1.23	1.32
焊缝	0.78	1.12	1.23	1.31	1.42
A	0.82	1.21	1.37	1.42	1.50
B	0.81	1.15	1.30	1.35	1.45
C	0.75	0.98	1.15	1.22	1.30
D	0.72	0.96	1.13	1.20	1.35

由表5-1可以看出，热影响区C、D增重与母材接近，宏观形貌也与母材相似。可以认为C、D与母材的抗氧化性相同。以650℃的焊接接头为对象，以时间为横坐标，单位面积增重为纵坐标作图，氧化动力学曲线如图5-6所示。

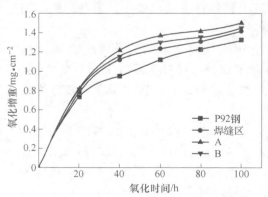

图5-6 P92钢在650℃空气介质中的氧化动力学曲线

由图5-6可以看出，对于焊接接头的任意区域，随着氧化时间的延长，氧化速率先增加，后降低，最后趋于稳定状态，符合抛物线规律。同时发现，在相同的氧化时间内，焊接接头氧化速率的大小顺序为：热影响区A > 热影响区B >

焊缝区 > 母材区。氧化速率越大，材料的抗氧化性越弱，即焊接接头抗氧化性大小顺序为：母材区 > 焊缝区 > 热影响区 B > 热影响区 A。得出同一焊接接头中，靠近焊缝的热影响区抗氧化性最差，母材的抗氧化性最好。

材料氧化过程中，氧化初期其表面上的晶界缺陷是氧化膜晶粒形成的地方，氧化速度较快，氧化中期钢中的合金元素已经在其表面形成一层氧化物保护膜，阻止了空气中的氧原子和其他腐蚀性气体进入钢的内部，提高了材料在高温工况下的抗氧化性，氧化速度减慢；最终在材料表面形成一层致密的氧化膜时，氧化速度趋于恒定[2]。

5.4 P92 钢焊接接头高温氧化形貌

5.4.1 宏观形貌

从各种不同工艺条件下所有试样的宏观形貌来看，600℃、650℃焊接接头各区域的平整度、颜色相近，故文中只列出650℃焊接接头氧化100h后的宏观照片，如图5-7所示。

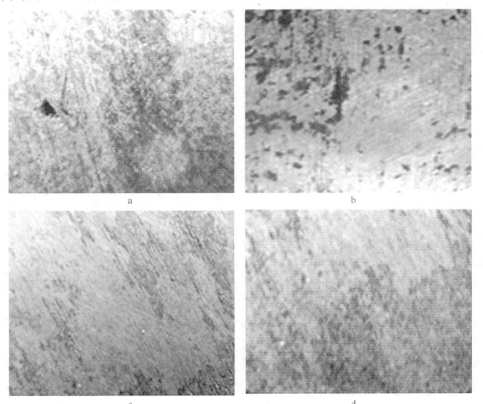

 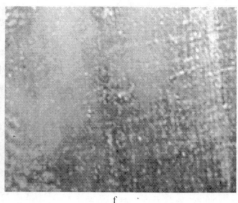

图 5 - 7   P92 钢 650℃下空气中氧化 100h 后焊接接头各区域表面宏观形貌
a—焊缝；b—距离焊缝区 3mm 的 A 部位；c—距离焊缝区 6mm 处的 B 部位；
d—距离焊缝区 9mm 的 C 部位；e—距离焊缝区 12mm 的 D 部位；f—母材

由图 5 - 7 可以看出，在 650℃下空气介质中经过 100h 氧化后距焊缝 12mm 处的 D 部位与 P92 钢母材表面平整，依然呈现金属光泽。这是因为 D 离焊缝较远，焊接时受到焊缝余热的影响小，在抗氧化性方面等同于母材；与母材相比，焊缝表面较平整但是颜色较深。距离焊缝中心 3mm 的 A 部位、距离焊缝中心 6mm 的 B 部位、距离焊缝中心 9mm 的 C 部位表面也比较平整，但是颜色为赤红色，从图 5 - 7 中可以看出，A 部位处颜色最明显，是由高温空气中氧化表面生成 Fe_2O_3 造成的。同时发现，距离焊缝 12mm 处的区域宏观形貌与母材相近，这与氧化动力学曲线分析相同。

5.4.2 微观形貌

对 650℃焊缝区氧化 100h 的试样进行扫描电镜观察如图 5 - 8 所示。由图可以看出，在 650℃的空气介质中氧化 100h 后，P92 钢焊接接头焊缝区形成一层致密的氧化膜，这层膜是由不规则颗粒构成的。对此氧化膜进行 EDS 分析，结果如图 5 - 9 所示。由图 5 - 9 可以看出，在微区内，氧化膜的厚度稍有不同，但差距不大，氧化膜的厚度约为 20μm，这层氧化膜阻止了内部金属的进一步氧化，由能谱可知氧化膜主要是由 Fe，Cr 的氧化物组成的。

高温下氧化进行的方式是气相中氧

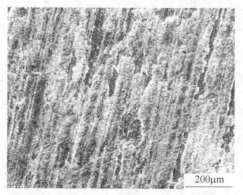

图 5 - 8   P92 钢焊缝区在 650℃空气介质中氧化 100h 的氧化产物形貌（SEM）

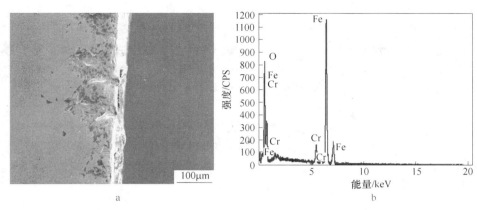

图 5 - 9　P92 钢氧化物形貌及能谱图（SEM）
a—形貌；b—能谱图

原子吸附在钢表面，从钢中夺取电子变成氧离子（O^{2-}），铁则变成铁离子（Fe^{2+}），这样形成的正负电二层，产生了很强的电场。此电场可将钢表面的铁离子拉出来或将氧离子挤到晶格中去。离子移动的结果就是形成氧化物的核心，并逐渐成长为氧化物，形成氧化物层，氧化物层中各氧化物成长情况不一样。FeO是金属不足型氧化物，带有高浓度的空位氧化物，铁离子向外移动，不断占据最外层氧离子的一些位置，形成新的氧化物层，处在氧化物层的外表面；Fe_3O_4 也是金属不足型氧化物，缺陷浓度比 FeO 小，大部分氧离子向内移动，而小部分铁离子向外成长；Fe_2O_3 是金属过剩型氧化物，氧离子向内移动成长。

　　高温下工作的钢件，由于氧化有自发的趋势，氧化是必然要发生的。但是氧化的速度，继续氧化问题是可以改变和控制的，通过加入合金元素，改变氧化膜层的传导性，降低氧化膜中的扩散，提高氧化膜的稳定性；形成致密稳定的合金元素氧化膜，提高膜的保护性，从而可提高钢的抗氧化性。合金元素氧化物按点阵结构、离子半径、电负性条件的不同，稳定性不同。Cr、Al、Si 的氧化物点阵结构接近 Fe_3O_4，它们的离子半径比铁小，易稳定密度大的 Fe_3O_4，缩小 FeO 形成温度。在 Cr、Ti、Al 含量高时，FeO 相区会消失。Mn、Cu 的离子半径大于铁，易溶于疏松的 FeO，它们是 FeO 的稳定剂，扩大 FeO 的相区，降低 FeO 形成温度[3]。

5.5　P92 钢焊接接头的氧化产物

　　对 650℃ 空气介质中氧化 100h 的焊接接头产物进行 XRD 分析，结果如图 5 - 10 所示。由图 5 - 10 可以看出，在焊缝、热影响区、母材区得到的氧化产物均为 Fe_2O_3、Cr_2O_3。因 P92 钢中含有大量的 Cr、Al 等元素，使 FeO 相区缩小，在氧化性介质中氧化 100h 后，检测有 Fe_2O_3、Cr_2O_3 形成。从理论上分析会形成

Fe_3O_4，但由于形成的 Fe_3O_4 含量较少，故未被检测出。在 P92 钢中，含有 Fe、Cr、Mn 等元素，在 600℃、650℃时，Fe 的氧化物主要有 Fe_2O_3，Cr 使氧化物层中氧化物发生变化，由于选择氧化，铬生成 Cr_2O_3，在外层成为保护性氧化物膜，铁离子在其中移动困难，这种结构在一定温度范围内是稳定的，加热冷却不易使氧化物层破裂，有良好的保护作用，使 P92 钢抗氧化性显著提高。

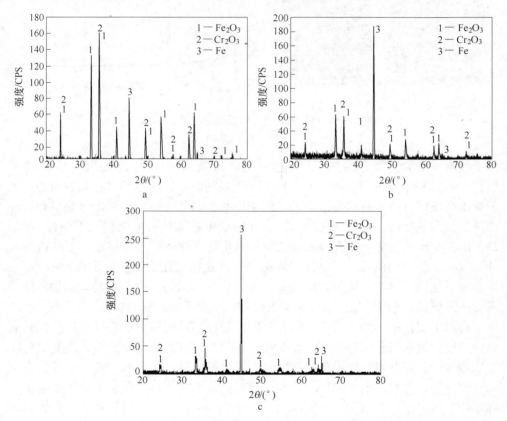

图 5-10 P92 钢焊接接头在 650℃空气介质中的氧化产物
a—焊缝；b—热影响区；c—母材

　　晶粒大小对金属氧化性能也有影响，一般可归结为晶界对扩散传质过程作用的大小。如果由于晶粒细化，即晶界面积增大，导致金属氧化速度降低，则晶界起到改善金属抗氧化性能的有益作用，称为晶界的正效应；反之，则为负效应。晶界的作用一般用晶界扩散的 Fisher 模型和 Wagner 的合金选择氧化理论进行解释[4,5]。一般结论是，对于含 Cr 量较高的 Fe-Cr 合金，晶粒细化可促进 Cr 的短路扩散，从而促进选择性氧化；对于低 Cr 的 Fe-Cr 合金，细晶粒则加速合金的氧化[6]。

　　P92 钢中含 Cr 量为 8.5% ~9.5%，属于含 Cr 量高的 Fe-Cr 合金。因而晶粒细化可促进 Cr 的短路扩散，从而促进选择性氧化。热影响区晶粒粗大，相对于母材和焊缝其晶界面积小，铬和氧离子扩散需要较长时间，在粗大晶粒上形成的富 Cr 氧化层不连续，抗氧化性差，氧化速率快，氧化层厚度大于焊缝和母材。母材晶粒细小，而且均匀性好，快速扩散通道较多，有利于选择性氧化，形成生长速度慢的富 Cr 氧化层内层和愈合层，抑制基体金属氧化，从而可以改善其抗氧化行为。

由图 3-3 中焊接接头组织观察及分析可知，在热影响区的晶粒最为粗大，焊缝次之，母材晶粒最为细小。从氧化动力学曲线图 5-6 可知，母材的抗氧化性最好，焊缝次之，热影响区抗氧化性最差。因此晶界面积增加起到改善金属抗氧化性能的有益作用，显示的是晶界的正效应。这与 P92 钢的高 Cr 成分相符。

5.6 温度对 P92 钢焊接接头氧化过程的影响

5.6.1 不同温度下焊接接头氧化动力学曲线

在 600℃ 和 650℃ 下，经测定 P92 钢焊接接头不同区域随氧化时间的质量变化，分别计算出 P92 钢焊接接头不同区域单位表面增重量，计算结果见表 5-2 和表 5-3。

表 5-2　P92 钢焊接接头 600℃ 不同区域单位面积增重量　（mg/cm²）

区域 \ 时间/h	20	40	60	80	100
母材	0.41	0.61	0.70	0.74	0.76
焊缝	0.47	0.74	0.80	0.82	0.85
A	0.62	0.83	0.92	0.96	0.98
B	0.52	0.78	0.86	0.88	0.90
C	0.43	0.64	0.73	0.76	0.78
D	0.40	0.62	0.71	0.75	0.79

表 5-3　P92 钢焊接接头 650℃ 不同区域单位面积增重量　（mg/cm²）

区域 \ 时间/h	20	40	60	80	100
母材	0.73	0.95	1.12	1.23	1.32
焊缝	0.78	1.12	1.23	1.31	1.42
A	0.82	1.21	1.37	1.42	1.50
B	0.81	1.15	1.30	1.35	1.45
C	0.75	0.98	1.15	1.22	1.30
D	0.72	0.96	1.13	1.20	1.35

注：A 部位为距离焊缝区 3mm 处，B 部位为距离焊缝区 6mm 处，C 部位为距离焊缝区 9mm 处，D 部位为距离焊缝区 12mm 处。

由表 5－2 和表 5－3 可以看出：C 部位与 D 部位单位面积增重与母材相似，其动力学曲线类似于母材，故图中略。以时间为横轴，不同区域单位表面积增重为纵轴，可以得出 600℃、650℃焊接接头相同区域的氧化动力学曲线对比。

以焊接接头相同区域为例，进行 600℃ 和 650℃ 抗氧化动力学对比分析，如图 5－11 所示。

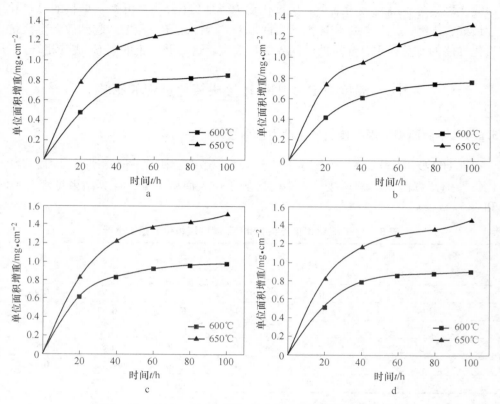

图 5－11 600℃、650℃空气介质中 P92 钢氧化动力学曲线
a—焊缝；b—母材；c—A 部位；d—B 部位

由图 5－11 可以看出，在 600℃ 和 650℃ 空气介质中，随着氧化时间的延长，焊接接头各区域氧化速率变化趋势是相同的：先升高，后降低，最后趋于稳定状态，呈现抛物线规律[7]，且在 650℃ 空气介质中氧化相同的时间各区域的氧化速度明显高于 600℃ 对应区域的氧化速度。

由于 P92 钢焊接接头在 600℃、650℃ 下空气介质中的氧化动力学变化趋势相同，因此以不同温度下焊缝区的氧化为例，对其氧化动力学曲线进行分析对比，P92 钢焊接接头焊缝区在 600℃ 下氧化初期的氧化速率约为 0.024mg/($cm^2 \cdot h$)，氧化中期的氧化速率为 0.014mg/($cm^2 \cdot h$)，稳定期的氧化速率为 0.002mg/

（cm² · h）；而 650℃下焊缝区氧化初期的氧化速率约为 0.039mg/（cm² · h），氧化中期的氧化速率为 0.017mg/（cm² · h），稳定期的氧化速率为 0.005mg/（cm² · h）。对比分析可以看出，在高温空气介质下，P92 钢焊接接头焊缝区在温度为 650℃的氧化增重量均高于在 600℃下的增重量，表明 P92 钢焊接接头抗氧化性随着温度的升高而降低，但降低不明显。在氧化性介质中，氧化早期，氧化气氛与工件表面充分接触，氧化快，生成氧化膜后，氧化速率被合金元素的固态扩散所控制。因此，氧化速度主要取决于化学反应的速度和扩散的速度，温度的升高，化学反应的速度和扩散速度将增加，这种变化趋势随着时间的延长和膜的增厚或膜的致密性的提高而减慢。

5.6.2　不同温度下焊接接头氧化产物截面形貌与成分分析

P92 钢焊接接头的各个区域在 600℃、650℃下空气介质中的氧化动力学变化趋势相同，氧化后的截面形貌及氧化膜的物相图谱变化相近。因此以不同温度下焊缝的氧化为例，对其氧化产物截面形貌及成分进行分析。图 5 - 12 为 600℃、650℃下空气介质中氧化 100h 后 P92 焊缝截面及氧化物能谱图。从图 5 - 12a、c

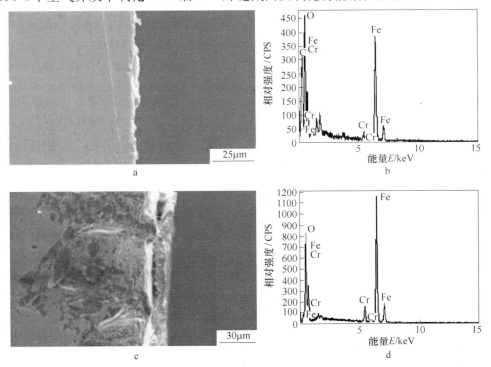

图 5 - 12　P92 钢焊缝区 600℃、650℃下氧化 100h 后的形貌及能谱图（SEM）
a—600℃氧化物形貌；b—600℃氧化物能谱；
c—650℃氧化物形貌；d—650℃氧化物能谱

中可以得出 600℃氧化层最大厚度约为 5μm，650℃氧化层最大厚度约为 20μm，表明在相同的介质中氧化相同的时间，650℃氧化层厚度均比 600℃的稍大，650℃时的抗氧化性比 600℃时的抗氧化性稍有减弱，但差距不明显。这与氧化动力学分析相吻合。从图 5－12b、d 氧化物能谱分析可知，氧化物中主要含有 Fe、Cr、O 元素，且在不同的温度下，含有的元素种类相同。

通过对 650℃焊缝的氧化物进行 X 射线衍射分析可知，氧化物主要由 Fe_2O_3、Cr_2O_3 组成，如图 5－13 所示。

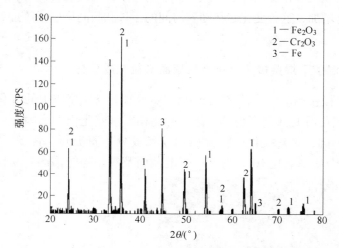

图 5－13 650℃下氧化 100h 后 P92 钢焊缝表面衍射图谱

含铬钢高温氧化速度的快慢与形成具有保护性的 Cr_2O_3 厚度和致密度有关。含铬钢发生高温氧化后，其氧化产物可分为两层。P92 钢焊接接头氧化的主要产物为 Fe_2O_3 和 Cr_2O_3。在高温时，铁和铬都与空气中的氧发生反应：

$$4Fe + 3O_2 \Longrightarrow 2Fe_2O_3 \tag{5－2}$$
$$4Cr + 3O_2 \Longrightarrow 2Cr_2O_3 \tag{5－3}$$

内层形成 Cr_2O_3，致密的 Cr_2O_3 氧化膜的形成，阻止了氧进一步与铁反应。因此，P92 钢中含铬量的大小决定了其抗氧化性的强弱。外层的 Fe_2O_3 相对而言致密性稍差，因此在氧化发生期间随着氧化时间的延长容易发生脱落。

5.7 稀土 Ni－Al 复合涂层对 P92 钢抗氧化性的改善

P92 钢约含 9%Cr 的铁素体钢，其优点是比其他铁素体合金钢具有更强的高温强度和抗蠕变性能。铁素体不锈钢因其成本低廉、性能优良，是设计与制造蒸汽轮机的首选结构材料。目前，大幅度地提高铁素体不锈钢在 630～650℃或更高的温度区间里的长期抗高温氧化性能是提高蒸汽轮机工作温度所面临的亟待解决的关键结构材料技术问题之一。随着表面技术的迅速发展，制备出性能优良的高温涂层是提高 Fe - Cr 合金抗高温氧化性能的有效而简单可行的技术途径。

Ni - Al 双层化合物复合涂层是通过电镀的方法，首先在基体表面镀一层一定厚度的镍，然后根据 Ni - Al 相图，通过控制 Al 的含量、温度以及其他参数来进行渗铝，即在材料表面形成外层为 Ni_xAl_y，内层为 Ni 的复合涂层（Ni_xAl_y/Ni）。这种复合涂层的外表层 Ni_xAl_y 起抗氧化作用，而内表层的 Ni 层起降低 Al 元素向内扩散速率的作用，这样可以很大程度上提高金属的高温抗氧化性。

到目前，Ni_2Al_3/Ni 复合涂层已被证实存在着优异的抗氧化性能[8~11]。近年来，大量的研究表明金属在渗铝过程中加入稀土（镧、镨、铈），可以对渗层性能起到优化的作用。目前已经证实：稀土在涂层中可以增强涂层抗高温氧化能力，所以有必要把稀土与 Ni - Al 化合物涂层相结合，应用到高温涂层中，为社会创造更大的价值。

综合众学者的研究成果，把稀土应用到耐热钢的复合涂层中。一方面稀土 Ni - Al 化合物复合涂层保证了涂层的高温抗氧化性能；另一方面稀土的添加，大大提高了涂层的热稳定性，可以得到性能更好的复合涂层。

5.7.1 稀土 Ni - Al 复合涂层的制备方案

5.7.1.1 电镀镍方案

A 镀镍工艺

镀镍分为普通镀镍、光亮镀镍和镀多层镍等。普通镀镍即为镀暗镍工艺，其他的镀镍工艺都是在此工艺上发展而来的。普通镀镍电解液参数如表 5 - 4 所示。镀液中各成分的作用如下：

（1）主盐。硫酸镍是镀镍溶液中的主盐，为电镀提供所需的 Ni^{2+}，浓度一般在 100 ~ 350g/L。当镍盐浓度低时，镀液分散能力好，镀层结晶细致，但沉积速度较慢；当镍盐浓度高，使用较高的电流密度时，沉积速度快，适用于快速镀镍及镀厚镍；当镍盐浓度过高时，将降低阳极极化，使镀液分散能力下降。

（2）阳极活化剂。氯化镍或氯化钠中的 Cl^- 是镀液中的阳极活化剂。镀液中 Cl^- 通过在镍阳极上吸附，去除氧、羟基离子和其他钝化镍阳极表面的异种粒子，在镀镍电镀液中，若不加氯离子或氯离子含量不足时，阳极容易钝化。钠离子对镀液是无益的，可能导致镀层粗糙、引起阳极腐蚀等。因此，宜用氯化镍。

（3）缓冲剂。普通镀镍电镀液的 pH 值一般控制在 3.5 ~ 5.0，可用稀硫酸或稀盐酸调节，并以硼酸作缓冲剂。同时，硼酸也可以提高电流效率，使镀层结晶细致。硼酸的量一般控制在 30 ~ 45g/L。

（4）导电盐。硫酸镁、硫酸钠是暗镍镀液中常用的导电盐，他们的加入可任意提高镀液的电导率，改善镀液的分散能力，并有利于降低槽电压。

（5）防针孔剂。防针孔剂为十二烷基硫酸钠。它是一种阴离子表面活性剂，通过吸附在阴极表面，降低电极与镀液间的界面张力，使形成的氢气难以在电极表面滞留。适宜用量为 0.05 ~ 1.15g/L。

表 5 – 4　普通镀镍电解液的组成

组成及工艺	1	2	3
硫酸镍/g·L^{-1}	120 ~ 150	250 ~ 300	280 ~ 300
氯化镍/g·L^{-1}			40 ~ 60
氯化钠/g·L^{-1}	8 ~ 10	7 ~ 9	
硼酸/g·L^{-1}	30 ~ 40	35 ~ 40	35 ~ 40
硫酸钠/g·L^{-1}		80 ~ 100	
硫酸镁/g·L^{-1}		50 ~ 60	
十二烷基硫酸钠/g·L^{-1}	0.05 ~ 1.0		
pH 值	5.0 ~ 5.2	4.0 ~ 4.5	4.0 ~ 4.2
温度/℃	25 ~ 35	35 ~ 40	50 ~ 60
电流/A·dm^{-2}	0.8 ~ 1.5	0.8 ~ 1.0	1.0 ~ 2.5

在 P92 镀镍时，采用的电解液组成及工艺如表 5 – 5 所示。

表 5 – 5　P92 钢的电镀液组成及工艺

组成与工艺	参数值	组成与工艺	参数值
硫酸镍/g·L^{-1}	150	pH 值	4 ~ 4.5
柠檬酸铵/g·L^{-1}	20	温度/℃	45
双氧水/mL·L^{-1}	2 ~ 5	电流/A·dm^{-2}	2.23
硼酸/g·L^{-1}	35		

B　普通镀镍电解液的操作条件

在电镀的过程中，应严格控制电镀液的 pH 值（搅拌）、温度以及电流密度。

（1）pH 值。pH 值控制在 3.5 ~ 5.0，当 pH 值过低时，镍不能沉积，且在阴极上只能析出氢气；当 pH 值接近 6 时，镀层起泡，镀液的均镀能力极差。

（2）温度。提高温度可以降低镀层的内应力，提高镀层的结合力，但是温度太高，会加快镀液的蒸发量，导致镍盐类水解，倾向生成氢氧化物沉淀，使镀液质量下降。通常在生产中一般镀镍液的温度控制在 18 ~ 35℃，而快速镀镍则一般采用 45 ~ 60℃ 的温度。

（3）搅拌。在电镀过程中，阴极表面有氢气析出，使附近镀液的 pH 值增加，从而使镀层内应力下降，影响镀层质量。搅拌可以消除这一现象，同时可以使氢气快速逸出，减少镀层针孔。通常搅拌的方法有电解液高速循环、阴极移动及净化压缩空气搅拌等。

（4）电流密度。电镀时的电流密度与镀液中镍离子的浓度、镀液的 pH 值、温度以及搅拌有着密切的关系。在低温、稀溶液的条件下，只能选用较小的电流密度；反之，则允许选用较高的电流密度。

C　镀镍工艺参数

采用的镀镍工艺参数：电流密度为 2.23A/dm^2，阳极接镍板，阴极接 P92 钢，45℃的条件下，pH 值为 4~4.5，镀镍时间为 1.5h、2h、2.5h，镀层厚度控制在 100μm 左右。镀镍前对 P92 钢表面进行预处理，预处理工艺为：除油—酸蚀—弱酸活化—预镀镍。

5.7.1.2　固体粉末渗铝技术

固体粉末渗铝是用填充法将工件装箱，通过加热、保温，进行渗铝的一个传统工艺方法。对于钢铁而言，加热温度高于 910℃ 为高温渗镀，低于 720℃ 为低温渗镀。固体粉末渗铝的原理是通过化学气相反应和热扩散作用形成渗铝层，渗铝剂成分有铝粉、铝铁合金粉、氯化氨、氧化铝粉等。

A　渗铝剂选用

固体粉末渗铝选用的渗铝剂通常为铝粉、氧化铝粉、氯化物（氯化铵或氯化铝）。

（1）铝粉提供铝源。

（2）氧化铝为惰性填充剂，防止金属粉末粘连。

（3）氯化物（氯化铵或氯化铝）充当催渗剂（活化剂）。

B　渗铝工艺

对镀镍层均匀、平整、无缺陷的 P92 钢进行低温包埋渗铝工艺，渗铝剂配比按 6% Al – 2% NH$_4$Cl – x% CeCl$_3$ – (92 – x)% Al$_2$O$_3$ 分为 4 组，x 分别取 0，2，4，6，将配好的渗铝剂分别放入处理过的刚玉坩埚中，并把试样垂直放入渗铝剂中部，然后将试样与渗铝剂密封在刚玉坩埚中。渗铝工艺为：在箱式电阻炉随炉升温至 650℃，保温 8h 后空冷。

5.7.2　稀土 Ni – Al 复合涂层的表征

5.7.2.1　镀镍层的形貌及结合力

A　镀镍层的宏观形貌

经过多次试验研究，在合适的电镀工艺下，得出的 P92 钢镀镍层组织均匀，致密度较好，与 P92 钢结合紧密，如图 5 – 14 所示。

由图 5 – 14 可以看出，在一定的工艺下，镀层没有起皮、气孔、皱褶，镀层与基体结

图 5 – 14　P92 钢镀镍层的宏观形貌

合比较紧密，无明显的缺陷产生。

B 镀镍层的结合力分析

通过一定时间的砂纸打磨，发现镀层与基体并没有分离现象，镀层表面平整，无起皮、皱褶现象发生，表明镀层与基体结合良好，如图 5-15 所示。

图 5-15 P92 钢不同时间镀镍层经摩擦后的宏观形貌
a—1.5h; b—2h; c—2.5h

为了进一步了解镀层的结合情况，对试样进行热震试验：将试样以 10℃/min 加热到 300℃，保温 1h 后放水中冷却 1min，循环多次后，观察镀层，如图 5-16 所示。

由图 5-16 可以看出，经过热震的试样，镀层与基体结合比较紧密，厚度均匀，在热震中无明显的起皮及脱落现象，证明此镀层质量较好，镀镍工艺合适。

5.7.2.2 镀层厚度测定

镀镍层的厚度对复合涂层的质量有着至关重要的影响，在表面形成的镀层厚度必须要均匀，差距较小，且有一个合适的厚度值，否则会恶化涂层的性能。因此对结合紧密的镀镍层进行厚度测定，如图 5-17 所示。

由图可知，经过 2h 镀镍后镀层各处厚度比较均匀，厚度均约为 100μm。镀层太厚会造成镀层与基体结合程度下降，甚至出现脱落等缺陷；镀层太薄，会导致复合涂层的质量下降。因此，镀层厚度在 100μm 左右较好。

5.7.2.3 镀层扫描电镜观察及分析

为了清晰观察镀镍层的质量，对其进行不同放大倍数的扫描电镜观察，如图 5-18 所示。由图 5-18 可知，在合适的工艺下，得到的镀镍层与基体结合紧密，内部无气孔、疏松等缺陷，而且整体镀层厚度均匀一致。

5.7.2.4 不同稀土含量 Ni-Al 复合涂层的质量

A 不同稀土含量复合涂层形貌

图 5-19 为 P92 钢渗铝剂中不同无水 $CeCl_3$ 含量渗铝后的截面 OM 形貌。由图 5-19 可知，P92 钢试样在经镀镍、渗铝处理后，0 号~3 号试样表面均出现

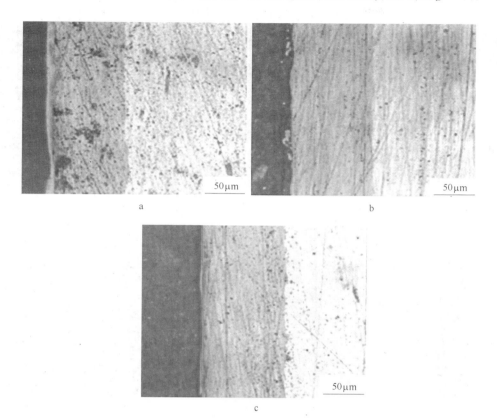

图 5 - 16　P92 钢经不同时间镀镍热震后的微观形貌（LSCM）

a—1.5h；b—2h；c—2.5h

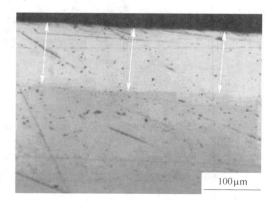

图 5 - 17　P92 钢经过 2h 镀镍后镍层的厚度

了不同深度的渗铝层，涂层与基体结合紧密，且随着渗铝剂中稀土含量的增加，渗铝层厚度有不同程度的增加，这与大部分文献吻合[12,13]。

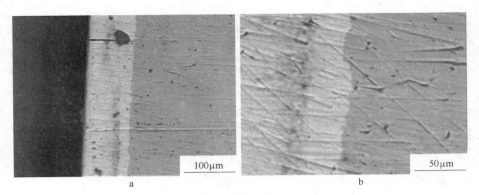

图 5 - 18   P92 钢镀镍层的微观形貌（SEM）

a—低倍；b—高倍

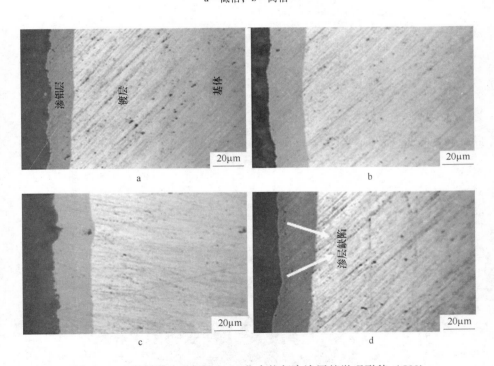

图 5 - 19   不同稀土含量 Ni - Al 化合物复合涂层的微观形貌（OM）

a—0 号，0% CeCl₃ Ni - Al 复合涂层；b—1 号，2% CeCl₃ Ni - Al 复合涂层；

c—2 号，4% CeCl₃ Ni - Al 复合涂层；d—3 号，6% CeCl₃ Ni - Al 复合涂层

　　从四组复合涂层微观截面形貌图中每组随机取若干个点，测得每组试样渗铝层的厚度范围。0 号试样的渗铝层厚度在 11 ~ 20μm 之间变化，1 号试样在 21 ~ 23μm 之间变化，2 号、3 号试样的渗铝层厚度较 1 号试样有所增加，结合对涂层

表面粗糙程度分析可得到，渗铝剂中含 2% 无水 $CeCl_3$ 的试样得到的复合涂层表面平整、厚度均匀、无明显缺陷；2 号、3 号试样经渗铝后表面凹凸不平，尤其是 3 号试样表现突出，且渗铝后试样表面渗铝层厚度不均匀，渗层表面出现严重的渗漏现象，从而引起大量疏松甚至渗层剥落。

由于无水 $CeCl_3$ 在加热过程中分解产生 Ce 原子，并且沿着晶界渗入镀镍层基体，导致外层纯镍的晶格发生畸变，这为 Al 原子的渗入提供了极为充分的条件；另外，由于 Ce 原子半径较大，溶解在 Ni－Al 相晶内造成的畸变能远大于溶解在晶界的畸变能，因此在渗铝过程中大部分 Ce 原子聚集在 Al－Ni 金属间化合物的晶界和相界处。因此，适量的 Ce 可以起到强化作用，能抑制杂质元素在晶界的有害行为，提高晶界的强度，但过量的稀土元素聚集在晶界和相界处，形成大量含稀土元素的化合物和中间相，从而会对涂层产生不利的影响[14]。

B 不同稀土含量复合涂层微观形貌

由图 5－20 可以看出，经过渗铝的试样，共由以下几部分组成：基体层－过渡层－镀镍层－过渡层－渗铝层五部分，基体与镀镍层、镀镍层与渗铝层之间由于元素的相互扩散，分别形成一定厚度的过渡层。且每两层之间结合紧密，无明显的缺陷产生。

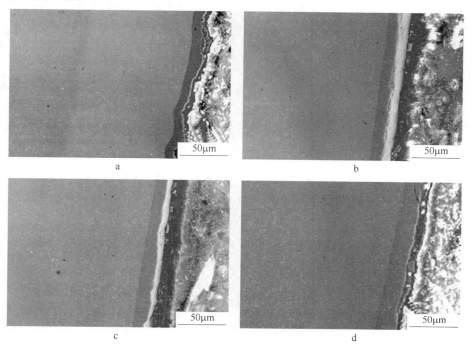

图 5－20 不同稀土含量 Ni－Al 化合物复合涂层的微观形貌（SEM）

a—0 号；b—1 号；c—2 号；d—3 号

C 不同稀土含量复合涂层中元素的扩散

图 5-21 为 0 号、1 号试样的微观形貌及线扫描能谱分析。通过对两组复合涂层试样进行元素分析，结果表明：由于渗铝剂中所含稀土量不同，导致 Al 元素在渗铝过程中的扩散速度不同，相同的时间内，渗铝剂中含 2% CeCl₃ 的 1 号试样 Al 元素扩散速度明显高于不含 CeCl₃ 的 0 号试样，说明稀土具有催渗、促渗的作用。

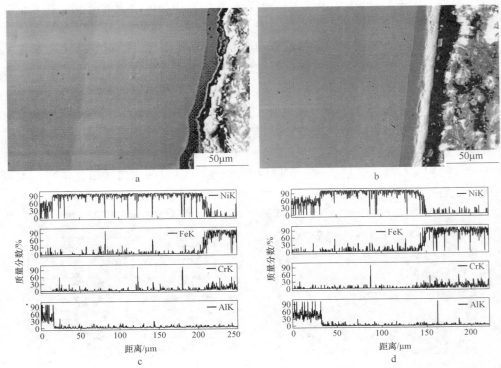

图 5-21 0%、2% 无水 CeCl₃ 的 Ni-Al 化合物复合涂层微观形貌及元素分布（SEM）

a—0 号，0% CeCl₃ Ni-Al 复合涂层微观形貌；b—1 号，2% CeCl₃ Ni-Al 复合涂层微观形貌；

c—0 号，0% CeCl₃ Ni-Al 复合涂层元素分布；d—1 号，2% CeCl₃ Ni-Al 复合涂层元素分布

0 号、1 号两组试样渗层外层 Al 元素含量（质量分数）均高达 58.36%，Ni 含量达到了 39.99%。根据 Ni-Al 相图，结合热力学知识，可以基本得出涂层表面的金属间化合物为 Ni₂Al₃ 相。随着渗铝层厚度的增加，Al 元素的浓度逐渐降低，其中 0 号试样在 16~20μm 处开始急剧减少，在 21~23μm 处骤减至 6.34%，该处的金属间化合物可能是 NiAl₃ 相，在 25μm 处已只有 Ni 元素的存在了。而 1 号试样的 Al 元素在 21~23μm 处只降低到了 48.61%，迅速降低则发生在渗铝层的 33~37μm 处（NiAl₃），在 42μm 处基本没有了 Al 元素的存在。EDS 结果还显示，P92 钢复合涂层中只含有微量的 Fe、Cr 元素，证明了在经过 8h 的

渗铝保温过程中，Fe、Cr 不会大量地向涂层外层扩散，P92 钢 Ni - Al 化合物复合涂层具有良好的热稳定性。

D 不同稀土含量复合涂层的物相分析

图 5 - 22 为 0 号 ~ 3 号试样 P92 钢 Ni - Al 化合物复合涂层表面的 X 射线衍射分析图谱，由图可知，四组 Ni - Al 复合涂层表面物相均为 Ni₂Al₃。结合 EDS 结果，该涂层为 Ni 与 Ni₂Al₃ 的双层复合结构。

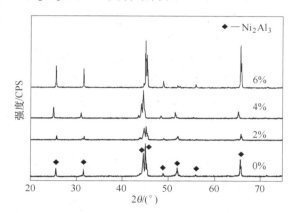

图 5 - 22　不同稀土含量 Ni - Al 化合物复合涂层表面的 X 射线衍射分析图谱

5.7.2.5　稀土渗铝过程的热力学分析

P92 钢 Ni - Al 化合物复合涂层的制备实验在密闭的环境下进行，依据本实验所使用的渗铝剂，在 650℃ 发生的化学反应主要有：

$$NH_4Cl(s) \longrightarrow HCl(g) + NH_3 \tag{5-4}$$

$$CeCl_3(s) \longrightarrow Ce(s) + 3Cl(g) \tag{5-5}$$

$$2Al(s) + 6HCl(g) \longrightarrow 2AlCl_3(g) + 3H_2(g) \tag{5-6}$$

在加热过程中氯化铵首先分解出氯化氢气体，来保证氯化铝气体的产生，由于界面吸附和界面反应消耗一定的氯化铝，所以在 P92 钢边界层金属表面，气态氯化铝的浓度降低，这导致外层高浓度气态氯化铝必然会向金属表面处扩散；同时，反应产生的氯气与铝粉反应生成了氯化铝，保证了渗铝反应的循环连续进行。随着加热温度的升高以及各反应放出热量的积累，氯化铈被分解成为铈与氯气，氯气进一步维持渗铝反应的进行；同时，铈原子改变了镍原子的晶格，起到催渗、促渗的作用，使复合涂层的致密度提高、厚度增加。

依照热力学数据可知，渗铝过程形成 Ni - Al 金属间化合物的顺序：在 1127K 温度以下，Ni - Al 相的热稳定性由高到低依次为 Ni₂Al₃→NiAl₃→Ni₃Al→NiAl；1127 ~ 1406K 温度区间内，为 Ni₃Al→NiAl。实际研究表明，在低于 1127K 时，Ni - Al 相生成物的形成顺序为 NiAl₃→Ni₂Al₃→Ni₃Al→NiAl[15]。这是由于系

统在生成 Ni_2Al_3 的过程中，释放热量大（190.39kJ/mol），使系统温度达到了 $NiAl_3$ 的熔点，使其呈液相，并继续向富镍区扩散，在扩散的过程中与固相镍反应生成 Ni_2Al_3。实验的渗铝温度为 923K，由于渗铝时间短，积累的热量有限，所以只进行了前两种物相的转变，即 $NiAl_3 \rightarrow Ni_2Al_3$。

5.7.2.6 稀土渗铝过程机理分析

根据上述分析，可以提出含无水 $CeCl_3$ 渗铝的转变过程，即 P92 钢 Ni - Al 化合物复合涂层相形成的四个过程：形成活性原子、稀土原子表面吸附、稀土原子沿晶界渗入、形成 Ni - Al 金属间化合物。

渗铝剂在 650℃ 下发生化学反应，氯化铵分解出氯化氢气体，同时氯化铈分解为活性 Ce 原子，在高温的作用下，Ce 原子吸附在镀镍层表面，随着温度继续升高，Ce 原子沿着晶界渗入镀镍层基体，导致外层纯镍的晶格发生扭曲，利于 Al 原子的进一步渗入。由于 Al 原子比 Ni 原子的直径大得多，因此在渗铝过程中 Al 粉与 Ni 层的接触面上，Al 原子的数量远远要少于 Ni 原子的数量，在 650℃ 加热条件下，Al 原子迅速向富 Ni 区扩散，在扩散过程中首先与接触到的固相镍发生反应生成富铝的 $NiAl_3$，随着 Al 元素的不断渗入，在表层形成连续致密的渗铝层，限制了 Ce 原子的催渗效果，最终在钢件表面形成一定厚度的渗铝层。另外，稀土是活性元素，与 O、S 等杂质有很强的亲和力，加入适量的稀土，一方面可以从 Ni 层中夺取杂质原子，起到净化涂层的作用；另一方面稀土可以改变镍层晶格结构，加快了 Al 元素的扩散速度，起到催渗、促渗的作用。但渗铝剂中过量的稀土会恶化涂层的质量[16]。

5.7.3 不同稀土含量 Ni - Al 复合涂层 P92 钢的抗氧化性

5.7.3.1 不同稀土含量 Ni - Al 复合涂层 P92 钢的动力学曲线

由氧化动力学曲线图 5 - 23 可知，2% 稀土含量复合涂层 P92 钢的抗氧化性最强，不含稀土复合涂层抗氧化性最弱。适量的稀土可以提高复合涂层的抗氧化性，但稀土过量或不含稀土又会降低复合涂层的抗氧化性。为表征动力学曲线的准确性，特对动力学曲线进行拟合，拟合结果如图 5 - 24 所示。

如表 5 - 6 所示，通过平方根拟合，动力学曲线接近于直线，R 接近于 1，表明 P92 钢的氧化动力学符合抛物线规律。

表 5 - 6 P92 钢氧化速率的拟合

编号	平方根拟合直线方程	速率/g·$(cm^2·s)^{-1}$	R
0 号	$y = 0.02647x - 0.03397$	0.4412×10^{-6}	0.99962
1 号	$y = 0.01774x - 0.01028$	0.2957×10^{-6}	0.99117
2 号	$y = 0.02137x - 0.0368$	0.3562×10^{-6}	0.99056
3 号	$y = 0.02120x - 0.0181$	0.3533×10^{-6}	0.99836

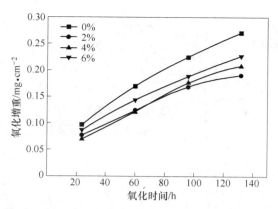

图 5-23 650℃ 空气中不同稀土 Ni-Al 化合物复合涂层 P92 钢的氧化动力学曲线

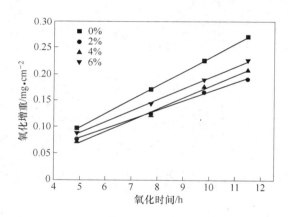

图 5-24 不同稀土 Ni-Al 复合涂层 P92 钢的氧化动力学拟合曲线

5.7.3.2 不同稀土含量复合涂层氧化不同时间的宏观形貌

由宏观形貌图 5-25 可以看出，在相同的时间内，不含稀土元素复合涂层 P92 钢表面抗氧化性较弱，有起皮脱落现象发生。含有稀土元素复合涂层 P92 钢的表面形成一层致密的氧化膜，说明稀土的加入促进了致密氧化膜的形成，从而加强了材料的抗氧化性。

5.7.3.3 不同稀土含量复合涂层 P92 钢氧化相同时间涂层厚度的变化

由图 5-26、图 5-27 可以看出，未经氧化时，不同稀土含量复合涂层与基体结合紧密，厚度均匀，无明显的缺陷；经过 60h 的氧化后，不同稀土含量复合涂层的形貌发生了变化。不含稀土，含有 4%、6% 稀土含量的复合涂层有不同程度的脱落现象。随着氧化时间的延长，当氧化时间达到 132h 时，脱落更加明显，如图 5-28 所示。而 2% 稀土含量的复合涂层结合紧密，没有脱落，且结合层厚度相对均一，在各个部位没有明显的或深或浅的不均匀现象。因此，可以认

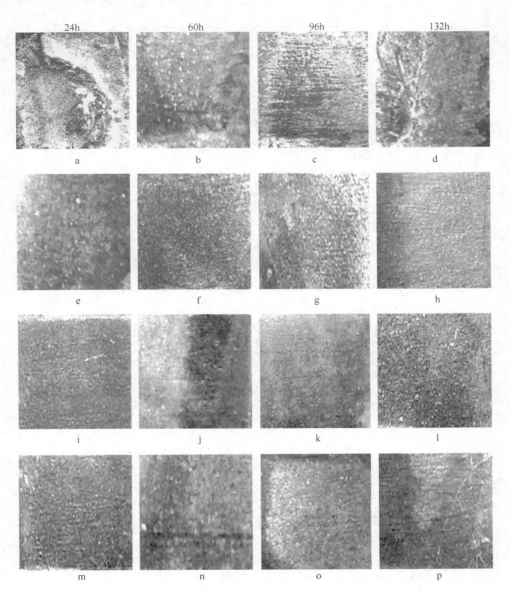

图 5-25 不同稀土含量 P92 钢氧化 24h、60h、96h、132h 的宏观形貌

a~d—不含稀土；e~h—2% 稀土；i~l—4% 稀土；m~p—6% 稀土

为 2% 稀土复合涂层的抗氧化性较好。

5.7.3.4 不同稀土含量复合涂层 P92 钢在相同的氧化时间内元素分布

A 氧化 0h 不同稀土含量的复合涂层截面中的元素分布

由图 5-29 可以看出，未经氧化的试样，Al 向 Ni 层有一定渗入深度，大约

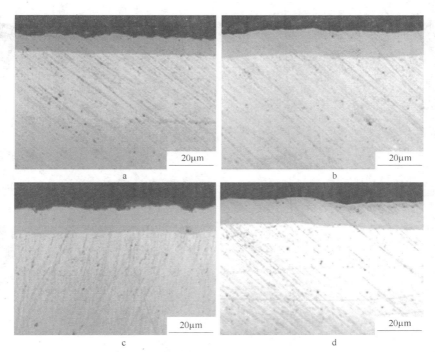

图 5－26 不同稀土含量氧化 0h 的复合涂层

a—0 号；b—1 号；c—2 号；d—3 号

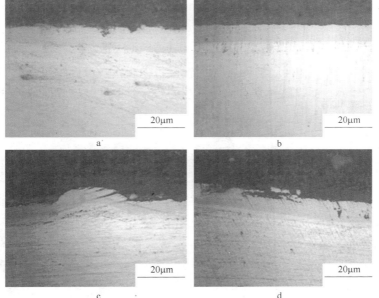

图 5－27 不同稀土含量氧化 60h 的复合涂层

a—0 号；b—1 号；c—2 号；d—3 号

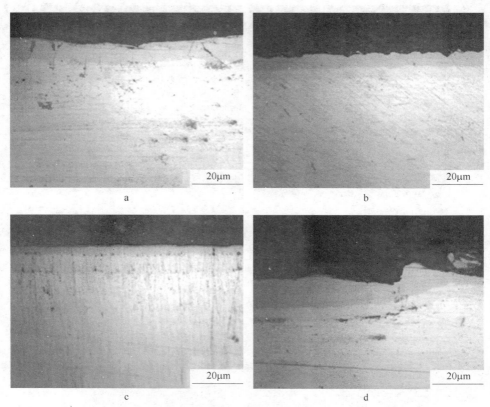

图 5 - 28　不同稀土含量氧化 132h 的复合涂层
a—0 号；b—1 号；c—2 号；d—3 号

为 20~30μm；基体中的元素 Fe、Cr 向镍层扩散，扩散深度较浅；说明铝元素有向内扩散的趋势，而铁铬元素有向外扩散的趋势，但过渡层界面分界线清晰，扩散层较浅。

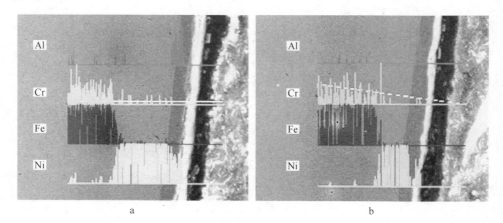

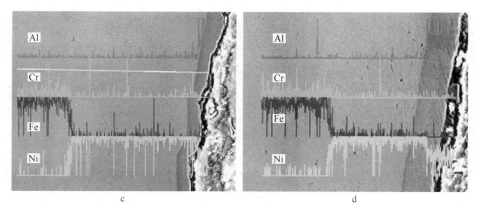

图 5‐29 不同含量稀土复合涂层 P92 钢未经氧化截面元素分布图

a—0 号；b—1 号；c—2 号；d—3 号

B 氧化 60h 复合涂层截面中的元素分布

由图 5‐30 可知，经过 60h 的氧化后，不含稀土及含有 6% 稀土复合涂层中

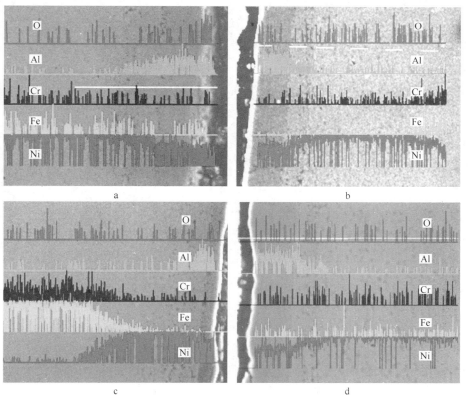

图 5‐30 不同含量稀土复合涂层 P92 钢氧化 60h 截面元素分布图

a—0 号；b—1 号；c—2 号；d—3 号

元素相互扩散，Al 向镍层大量扩散，基体中的铁、铬向镀层大量的扩散，这将严重降低基体的力学性能。2%、4%稀土含量的复合涂层基体元素扩散较轻，界面清晰可见。

C 氧化 132h 复合涂层截面中的元素分布

由图 5－31 可以看出，在其他工艺参数一致的情况下，2%稀土含量的复合涂层的元素与基体中的元素相互扩散较弱，界面较清晰，抗氧化性最优。经前文试验结果表明，2%稀土含量的 Ni－Al 复合涂层质量也较好。

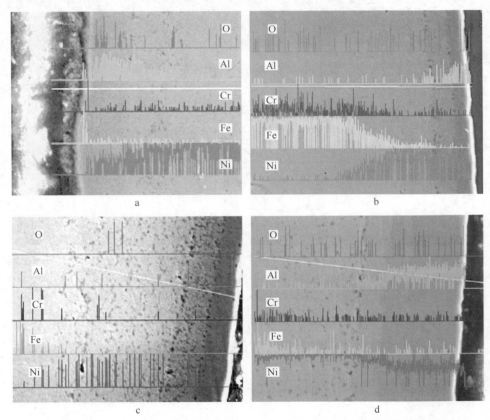

图 5－31 不同含量稀土复合涂层 P92 钢氧化 132h 截面元素分布图
a—0 号；b—1 号；c—2 号；d—3 号

综上所述，随着氧化时间的增加，含 2% 无水 $CeCl_3$ 的涂层 Al 元素没有大幅度地向涂层内扩散；Fe、Cr 元素均没有大量的向外扩散；在涂层表层形成了 Ni－Al 化合物，并未出现大量的 O 元素。可以表明：随着氧化时间的增加，含 2% 无水 $CeCl_3$ 的涂层表现出较强的抗氧化性。

5.7.3.5 复合涂层氧化后的表面物相

图 5－32 为含有 2%稀土试样 P92 钢 Ni－Al 复合涂层氧化 132h 后的 X 射线衍

射分析图谱，由图可知试样涂层表面所含物质为 Al_2O_3。说明复合涂层在氧化过程中，表面形成一层致密的氧化铝，大大增强材料的抗氧化性。结合复合涂层截面 EDS 结果可知，Ni–Al 化合物复合涂层相组成由外到内可能为：$Ni_2Al_3/NiAl_3$（Al_2O_3）→$NiAl_3$→Ni_3Al→Ni→P92 钢基体。也即随着氧化时间的延长，表面会逐渐形成较为致密的 Al_2O_3 氧化物，阻碍了元素的进一步扩散，提高了涂层的抗氧化性。

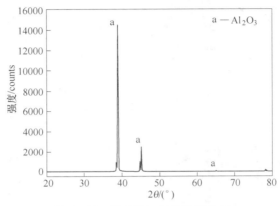

图 5–32　复合涂层氧化后的物相

5.7.3.6　稀土复合涂层在氧化过程中物相的转变过程

因稀土在涂层中的含量较少，不能有效地检测出来。因此，从理论上而言，在氧化过程中，随着氧化时间的延长，物相转变过程基本相同。故以不含稀土的复合涂层为例，说明在氧化过程中，随着氧化时间的延长，复合涂层中物相的转变过程。

在复合涂层的外层点做点能谱分析，结果如图 5–33 所示。根据所含元素的原子分数，可以看出在涂层的相同位置点物相的转变过程。由能谱图分析可知，24h 氧化后表层的物相中含有 Ni、Al，经计算元素原子分数，其物相为 NiAl，氧化 60h 后的物质也是 NiAl。表明随着氧化时间的延长，外层固定点的 Ni–Al 化合物由 Ni_2Al_3 逐渐向 NiAl 过渡。在 24h 氧化后继续增加氧化时间，生成的物相基本不变，都是 NiAl。

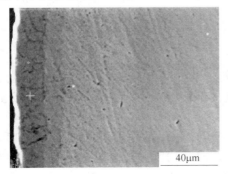

元素	质量分数/%	原子分数/%
OK	2.03	5.15
AlK	33.08	49.85
CrK	0.28	0.22
FeK	0.57	0.41
NiK	64.05	44.36

a　　　　　　　　　　　　　　　　　　b

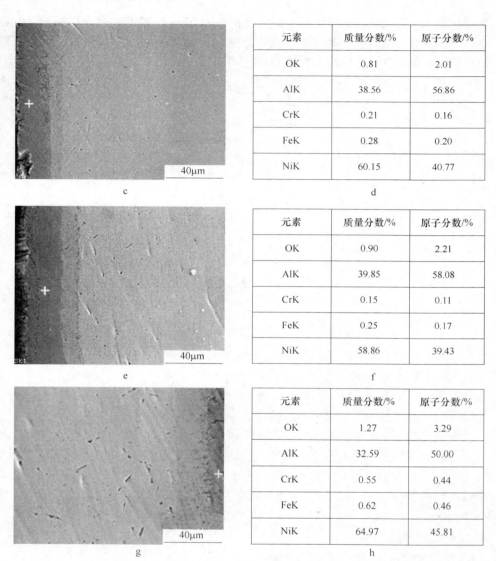

元素	质量分数/%	原子分数/%
OK	0.81	2.01
AlK	38.56	56.86
CrK	0.21	0.16
FeK	0.28	0.20
NiK	60.15	40.77

c   d

元素	质量分数/%	原子分数/%
OK	0.90	2.21
AlK	39.85	58.08
CrK	0.15	0.11
FeK	0.25	0.17
NiK	58.86	39.43

e   f

元素	质量分数/%	原子分数/%
OK	1.27	3.29
AlK	32.59	50.00
CrK	0.55	0.44
FeK	0.62	0.46
NiK	64.97	45.81

g   h

图 5-33 氧化不同时间内复合涂层外层中的物相转变

a, b—24h; c, d—60h; e, f—96h; g, h—132h

图 5-34 为复合涂层内层点的能谱分析。由图可知，随着氧化时间的延长，复合涂层中，由于表层 Al 元素的扩散，使内部镀镍层中的铝元素不断增加，逐渐达到 13% 左右。

综上所述，复合涂层在氧化过程中，表层 Al_2O_3 的厚度不断增加，在 132h 氧化后，表层的一定厚度上覆盖有 Al_2O_3；由外往内，复合涂层中的 Ni_2Al_3 逐渐转变为 NiAl 化合物，纯镍层中不断有铝元素扩散进入，经过计算 Ni、Al 的原子

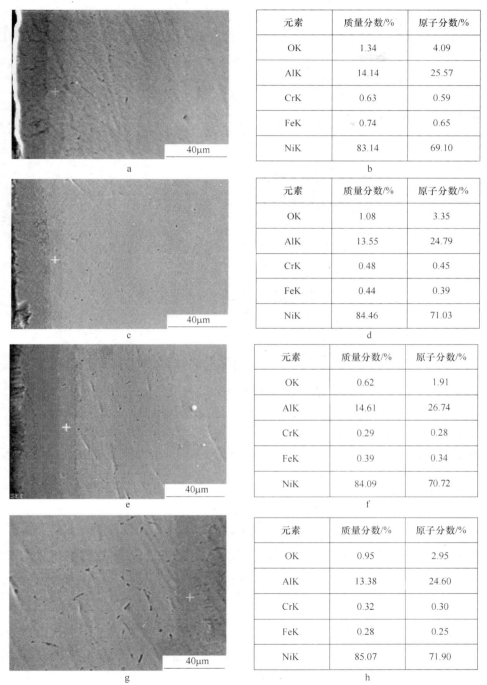

元素	质量分数/%	原子分数/%
OK	1.34	4.09
AlK	14.14	25.57
CrK	0.63	0.59
FeK	0.74	0.65
NiK	83.14	69.10

元素	质量分数/%	原子分数/%
OK	1.08	3.35
AlK	13.55	24.79
CrK	0.48	0.45
FeK	0.44	0.39
NiK	84.46	71.03

元素	质量分数/%	原子分数/%
OK	0.62	1.91
AlK	14.61	26.74
CrK	0.29	0.28
FeK	0.39	0.34
NiK	84.09	70.72

元素	质量分数/%	原子分数/%
OK	0.95	2.95
AlK	13.38	24.60
CrK	0.32	0.30
FeK	0.28	0.25
NiK	85.07	71.90

图 5 – 34　氧化不同时间内复合涂层内层中的物相转变

a，b—24h；c，d—60h；e，f—96h；g，h—132h

百分比，内部 Ni 逐渐转变为 Ni_3Al，目前这种转变在24h 之内已经完成。通过内外层物相转变对比，可以得出随着氧化时间的延后，Al 元素的扩散变慢，致使内层点的物相未出现 NiAl 化合物。

5.7.3.7 不同稀土含量对涂层氧化过程中孔洞形成的影响

对不含稀土与含2%稀土复合涂层中的孔洞形成进行观察，如图5-35所示。由图可以看出，2%稀土含量的涂层孔洞增速较慢，表明适量的稀土不仅使涂层的热稳定性增强，而且适量稀土分布在晶界和相界，可以起到强化的作用。

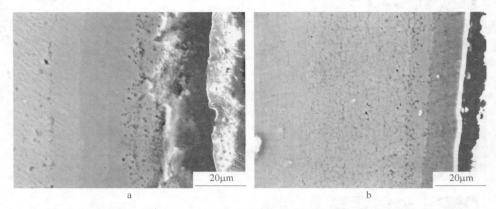

图 5-35 0%稀土（a）与2%稀土（b）在氧化132h 后的涂层形貌

5.7.3.8 2%稀土含量的复合涂层氧化过程中的孔洞形成

以最佳稀土含量2%涂层为例，研究在经过不同的氧化时间后孔洞的形成聚集变化过程，如图5-36所示，由图可以看出，随着氧化时间的增加，涂层的孔洞均在增多增大，且孔洞不断在涂层与基体的结合处聚集，但涂层内部却没有发现大量的孔洞缺陷。

5.7.4 稀土复合涂层对 P92 钢抗氧化性能的改善

图5-37为 P92 钢基体、Ni-Al 复合涂层、稀土 Ni-Al 复合涂层的氧化动力学曲线。由图可以看出，在相同的氧化时间内，P92 钢的氧化速率远远大于 Ni-Al 复合涂层、稀土 Ni-Al 复合涂层，即在相同的情况下，复合涂层的抗氧化性大大提高。同时也可以看出，Ni-Al 复合涂层、稀土 Ni-Al 复合涂层与没有涂层的 P92 钢氧化动力学曲线变化趋势基本相同，随着氧化时间的延长，氧化速率先增加，后减少。

其次，从宏观形貌分析，在氧化相同的时间内，P92 钢复合涂层的表层并没有明显的脱落，但 P92 钢的氧化皮有明显的脱落。

再者，从氧化产物上分析，在 P92 钢氧化过程中，主要的氧化产物是 Fe_2O_3、Cr_2O_3；复合涂层的氧化产物主要是 Al_2O_3，后者的抗氧化性远远的大于前者。

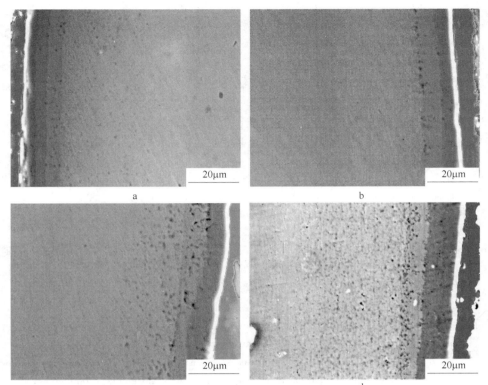

图 5 - 36　2%稀土复合涂层氧化不同时间孔洞的截面形貌

a—24h；b—60h；c—96h；d—132h

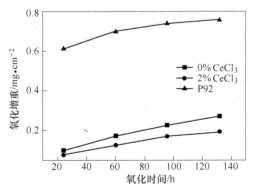

图 5 - 37　不同材料的氧化动力学曲线

综合以上分析表明，在氧化过程中，稀土能起到催渗、促渗的作用，适量的稀土使复合涂层更加稳定，在相同的氧化时间内，稀土能使氧化层的厚度减少，抗氧化性进一步提高。对比 0% 、2% 、4% 、6% 稀土含量复合涂层可知，2% 稀土复合涂层的抗氧化性较优。

参 考 文 献

[1] 彭其凤. 3Cr2W8V 钢的抗氧化性 [J]. 材料保护 (分析·检测), 1985, 1 (5): 91~94.

[2] 邓想, 孙玉福. ZG30Cr30Ni8Si2NRE 耐热钢的抗氧化性研究 [J]. 铸造技术, 2012, 33 (4): 388~389.

[3] Li D S, Dai Q X, Cheng X N, et. al. High–Temperature oxidation resistance of austenitic stainless steel Cr18Ni11Cu3Al3MnNb [J]. Journal of Iron and Steel Research International, 2012, 19 (5): 74~78.

[4] Peng X, Yan J, Zhou Y, et al. Effect of grain refinement on the resistance of 304 stainless steel to breakaway oxidation in wet air [J]. Acta Materials, 2005, 53: 5079~5088.

[5] Birks N, Meier G H. Introduction to high temperature oxidation of metals [M]. Edward Arnold, 1983.

[6] Crupp U, et al. The effect of grain boundary diffusion on the oxidation of low chromium steels [J]. Defect and Diffusion Forum, 2005, 946: 237~240.

[7] 刘红, 洪贺, 范珺, 等. 钛基体预敷硅粉氩弧堆焊层的高温氧化行为 [J]. 焊接学报. 2011, 9 (32): 101~104.

[8] Cheng W J, Wang C J. Characterization of intermetallic layer formation in aluminide/ nickel duplex coating on mild steel [J]. Materials Characterization, 2012 (69): 63~70.

[9] Xiang Z D, Datta P K. Relationship between pack chemistry and aluminide coating formation for low–temperature aluminisation of alloy steels [J]. Acta Materialia, 2006, 54 (17): 4453~4463.

[10] 黄志荣, 徐宏, 李培宁, 等. 稀土对渗铝 HK40 耐热钢氧化性能的影响 [J]. 稀土, 2002, 23 (1): 38~40.

[11] Romanowska J. Aluminum diffusion in aluminide coatings deposited by the CVD method on pure nickel [J]. Computer Coupling of Phase Diagrams and Thermo chemistry, 2014 (44): 114~118.

[12] 文九巴, 李安全, 张荣渊. 稀土铝合金热浸镀渗工艺研究 [J]. 热加工工艺, 2002 (5): 24~25.

[13] 张毅, 田保红, 陈小红, 等. 纯铜稀土催渗渗铝及其内氧化 [J]. 铸造技术, 2006, 27 (3): 255~257.

[14] 郭建亭, 袁超, 侯介山. 稀土元素在 NiAl 合金中的作用 [J]. 金属学报, 2008, 44 (5): 513~520.

[15] 陆必志, 龙坚战. Ni–Al 金属间化合物合成机理的研究 [J]. 硬质合金, 2011, 28 (5): 276~282.

[16] 纪文文, 宋月鹏, 陈克丰, 等. 稀土元素对 40Cr 钢渗铝层组织性能的影响研究 [J]. 稀土, 2009, 30 (6): 55~59.

6　P92 钢的耐腐蚀性

在锅炉的工作运行中，一方面受到高温气体介质氧化，另一方面受到炉气中钠的氯化物和硫酸盐等无机盐的作用，这种混合无机盐沉积而加速氧化的腐蚀称为热腐蚀。金属热腐蚀造成的结果是在金属表面形成疏松多孔并崩裂的氧化物硫化物混合层。因此，热腐蚀将会造成金属材料的快速损耗，在实际工业中可能导致灾难性的事故。

在金属材料服役过程中，影响热腐蚀的因素比较多，而且这些因素对实际热腐蚀的影响过程也是复杂多变的。因此，针对 P92 钢的实际使用环境，模拟 P92 钢的热腐蚀过程，了解各种因素对 P92 钢热腐蚀的影响规律，对于改善 P92 钢的热腐蚀性，从而进一步预防事故的发生具有重要的意义。

6.1　金属的耐蚀性

6.1.1　金属的腐蚀原理

金属腐蚀按照腐蚀的原理主要分为三种，即化学腐蚀、物理腐蚀及电化学腐蚀。

6.1.1.1　化学腐蚀

化学腐蚀是金属和化学介质直接发生纯化学反应造成的腐蚀。例如，钢在氧化性气氛中，高温下的铁氧化形成氧化铁皮，化学反应式如下：

$$4Fe + 3O_2 \longrightarrow 2Fe_2O_3 \qquad (6-1)$$

$$Fe + 2H_2O \longrightarrow Fe(OH)_2 + H_2 \uparrow \qquad (6-2)$$

这种纯化学反应不产生腐蚀电流，反应后在反应表面形成一层化学生成物。化学反应不断进行，生成物不断增加，金属基体不断被腐蚀。如果生成物是致密均匀地覆盖在基体上可以阻止进一步的腐蚀。例如，氧化反应生成 Si_2O、Al_2O_3、Cr_2O_3 等氧化物，其结构致密、比容大于基体，能覆盖在零件的表面，化学稳定性又高，从而能有效地保护零件，防止金属的进一步腐蚀。如果化学反应生成物不致密或与基体结合不牢固，则氧化反应会不断进行，金属会不断被腐蚀。

6.1.1.2　物理腐蚀

物理腐蚀是金属在腐蚀介质中发生的物理溶解现象。例如，金属在熔融的液态金属中发生的物理溶解，使得金属不断被溶蚀。

6.1.1.3 电化学腐蚀

电化学腐蚀是金属腐蚀最重要、最普遍的形式，它是由于不同金属或金属的不同组织或不同相之间，电极电位不同，存在电位差，在酸、碱、盐等电解质溶液中构成原电池而产生的腐蚀。

钢在电解质中由于本身各部分电极电位的差异，在不同区域产生电位差，例如珠光体组织中由铁素体和渗碳体两相之间的电位差构成原电池，产生了腐蚀，如图 6-1 所示，图 6-1a 把 Fe_3C 和 $\alpha-Fe$ 比作插在电解溶液中的两个电极，由于 $\alpha-Fe$ 区电极电位低，为阳极，Fe_3C 区电极电位高，为阴极。当有导线连通时即构成原电池，导线中有电流通过。此时，在阳极 $\alpha-Fe$ 的原子变成离子进入溶液：

$$Fe \longrightarrow Fe^{2+} + 2e(氧化反应) \tag{6-3}$$

电子通过导线到达阴极 Fe_3C 区，在阴极上 Fe_3C 将电子传导给介质中的 H^+ 离子，变成氢气逸出：

$$2H^+ + 2e \longrightarrow H_2\uparrow(还原反应) \tag{6-4}$$

原电池不断进行的结果是：金属基体中电位较低的 $\alpha-Fe$ 将不断被腐蚀，而金属基体中电位较高的阴极区 Fe_3C 不被腐蚀。图 6-1b 表示的是在珠光体上形成的无数微电池，它们虽然没有导线，但因为 Fe_3C 与 $\alpha-Fe$ 是直接接触的，相当于短路状态，腐蚀的结果是 $\alpha-Fe$ 的条带凹陷，Fe_3C 的条带凸起，从而在光学显微镜下可以看到清晰的珠光体片层，如图 6-1c 所示。用硝酸酒精侵蚀碳钢显示珠光体组织就是这个原理。

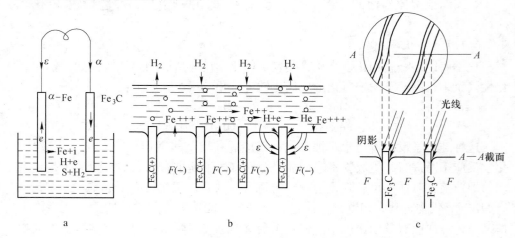

图 6-1 金属腐蚀过程原电池作用示意图

a—珠光体的电化学腐蚀原理；b—珠光体的腐蚀原电池；c—珠光体组织的成像

钢化学成分和组织的不均匀都会导致产生腐蚀原电池，如钢中碳化物、硫化物、夹杂物等第二相和基体，晶内和晶界，变形和应力的不均匀分布造成各部分之间产生电极电位差，从而造成腐蚀。

6.1.2 金属腐蚀的分类

由于金属腐蚀涉及的范围极为广泛，腐蚀材料、腐蚀环境、腐蚀机理也是多种多样的，因此分类方法不同。最常见的是从以下不同的角度分类：

（1）按腐蚀环境分类：可分为潮湿环境、干燥气体、熔融盐等；

（2）按腐蚀机理分类：可分为电化学腐蚀、化学腐蚀、物理腐蚀等；

（3）按腐蚀形态分类：可分为均匀腐蚀、晶间腐蚀、点腐蚀、应力腐蚀、磨损腐蚀等；

（4）按金属材料分类：在手册中常见也实用；

（5）按应用范围或工业部门分类：实际上是按环境分类的特殊应用。

6.1.3 合金元素对 P92 钢耐腐蚀性的影响

6.1.3.1 铬

铬是决定不锈钢耐蚀性的主要元素，当铬含量（原子比）达到 1/8，2/8，…时，铁的电极电位就跳跃式地增加，耐蚀性也随之提高。铬元素是 α 稳定化元素。铬的氧化物比较致密，可形成耐蚀的保护膜。

6.1.3.2 碳

碳能强烈地稳定奥氏体，稳定奥氏体的能力约为 Ni 的 30 倍。碳又是不锈钢强化的主要元素。碳与铬能形成一系列碳化物，使不锈钢的耐蚀性受到影响。同时碳会使不锈钢的加工性能和焊接性能变坏，使铁素体不锈钢变脆，因此在不锈钢的生产中和开发中，碳的应用和控制是一项重要的工作。

碳和铬的配合对形成不锈钢组织的影响见图 6-2。图中表明，在含碳量较低，含铬量较高时，获得铁素体组织；当含碳量较高，含铬量较低时，得到马氏体组织。在铬不锈钢中，含铬量在 17% 以下，随着含碳量的增加，可以获得基体为马氏体的不锈钢。含碳量较低，含铬量在 13% 时，就可以获得铁素体不锈钢。当含铬量从 13% 增加到 27% 时，由于含铬量增加，稳定铁素体的能力增加，钢中碳含量相应地增加（从 0.05% 到 0.2%），仍能保持铁素体基体。

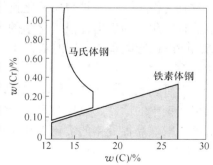

图 6-2 碳和铬的配合对不锈钢组织的影响

6.1.3.3 镍

镍是不锈钢中的重要元素之一，镍能够提高不锈钢的耐蚀性；镍还是 γ 相稳定化元素，是不锈钢中获得单相奥氏体和促进奥氏体形成的主要元素。镍能有效地降低 M_s 点，使奥氏体能保持到很低的温度（－50℃以下）不发生马氏体转变。

镍含量的增加会降低 C、N 在奥氏体钢中的溶解度，从而使碳氮化合物脱溶析出的倾向增强。随着镍含量的提高，产生晶间腐蚀的临界碳含量降低，即钢的晶间腐蚀敏感性增加。镍对奥氏体不锈钢的耐点腐蚀及缝隙腐蚀的影响并不显著。此外，镍还可以提高奥氏体不锈钢的高温抗氧化性能，这主要与镍改善铬的氧化膜的成分、结构和性能有关，但镍的存在降低钢的抗高温硫化性能。

6.1.3.4 锰

锰是比较弱的奥氏体形成元素，但具有强烈稳定奥氏体组织的作用。锰在奥氏体不锈钢中部分替代 Ni，2% Mn 相当 1% Ni。锰也能提高铬不锈钢在有机酸如醋酸、甲酸和乙醇酸中的耐蚀性，而且比镍更有效。当钢中 Cr 含量大于 14% 时，仅靠加入 Mn 无法获得单一的奥氏体组织。由于不锈钢中 Cr 含量大于 17% 时才有比较好的耐蚀性，因此工业上已应用的 Mn 代 Ni 的奥氏体不锈钢，主要是 Fe - Cr - Mn - Ni - N 型钢，如 12Cr18Mn9Ni5N 等。

6.1.3.5 氮

氮元素在早期主要用于 Cr - Mn - N 和 Cr - Mn - Ni - N 奥氏体不锈钢中，以节约 Ni 元素。近年来氮已经成为 Cr - Ni 奥氏体不锈钢的重要合金元素。在奥氏体不锈钢中加入氮，可以稳定奥氏体组织，提高强度、耐腐蚀性能，特别是局部耐腐蚀性能，如耐晶间腐蚀、点腐蚀和缝隙腐蚀等。在普通低碳、超低碳奥氏体不锈钢中，可以改善抗晶间腐蚀性能，其原因是氮影响敏化处理时碳化铬的析出过程，提高了晶界的铬浓度。在高纯奥氏体不锈钢中，没有碳化铬的沉淀析出。此时氮的作用有：一是增加钝化膜的稳定性，降低平均腐蚀率；二是含氮高的钢中虽有氮化铬的析出，但氮化铬的沉淀速度很慢，敏化处理不会造成晶间贫铬，对晶间腐蚀影响很小。同时氮对磷在晶界偏聚有抑制作用，可以提高钢的耐晶间腐蚀作用。

有研究表明，氮含量的增加可以降低应力腐蚀开裂的倾向，主要是因为氮降低铬在钢中的活性，氮作为表面活性元素优先沿晶界偏聚，抑制并延缓 $Cr_{23}C_6$ 的析出，减低晶界处铬的贫化度，改善表面膜的性能。

6.1.3.6 铌、钼

铌是强碳化物形成元素，可优先于铬同碳结合形成碳化物，防止晶间腐蚀，提高耐蚀性。铌的加入必须与钢中的碳保持一定的比例。

钼能提高不锈钢的钝化能力，扩大其钝化介质范围，如在热硫酸、稀盐酸、磷酸和有机酸中。含钼的不锈钢可以形成含钼的钝化膜，如 Cr18Ni8Mo 钢表面钝化膜的成分为 53% Fe_2O_3 + 32% Cr_2O_3 + 12% MoO_3。含钼的钝化膜在许多介质中具有很高的稳定性，不易溶解。可以防止 Cl⁻ 对钝化膜的破坏，所以含钼不锈钢具有较好的抗点腐蚀能力。

6.1.4 金属的热腐蚀

金属材料在高温（600～1200℃）环境中工作时，经常由于燃料中含有的杂质，如硫、钾、钠、钒等，在燃烧时形成如 SO_2、SO_3、H_2S、V_2O_5、CO、CO_2 等气体与空气中的氧、$NaCl$ 等反应而加速材料的腐蚀。特别是，随着燃气轮机在发电、舰船等工业中的广泛应用，低质燃料和海洋大气的共同作用，往往促进金属材料的腐蚀，有时甚至造成灾难性的事故。这种因金属或合金表面沉积熔融盐（$NaCl$、Na_2SO_4）而引起的腐蚀，如今被广泛称为热腐蚀。

6.1.4.1 热腐蚀试验的研究方法

热腐蚀试验有很多种方法而且没有统一的标准，其结果有时与实际情况可能有一定程度的出入，但能一定程度地说明试验材料的耐热腐性能，热腐蚀实验总体来说主要分为以下几个方法：

（1）坩埚试验。坩埚法是将试样和混合盐一起放到坩埚里，在高温气体和混合熔盐熔体作用下快速腐蚀，试验结果用去腐蚀层后的失重或测量横截面上的试样尺寸的损失来确定腐蚀速度。这种方法简单、方便，但是试验条件和材料的实际应用环境差别较大，因为盐的供应十分充足，而氧的供应受到限制。

（2）电化学实验。电化学法是将试样放在与坩埚试验类似的环境中，试样作为电极，与参考电极和辅助电极组成电化槽，测定腐蚀电流来反映腐蚀速率。燃烧装置试验可以比较精确地模拟材料的腐蚀环境，但是试样装置非常复杂，造价比较昂贵。

（3）涂盐试验。涂盐法是将试样加热到150℃左右，用刷子将一定比例的混合盐水溶液涂到试样表面，烘干后，计算控制试样的涂盐量。这种方法也比较简便，但也和材料的使用环境有一定的差别。

（4）淋盐试验。在垂直炉管中进行，将试样放在会旋转的托架上，定时并定位地淋下配好的混合盐，经过一定时间的热腐蚀后，研究热腐蚀性能，这种方法研究热腐蚀机理比较方便，但不能真实反映零件的腐蚀情况。

6.1.4.2 热腐蚀的影响因素

锅炉的受热高温部件的高温腐蚀与其工作环境的气体温度、气体成分、煤灰组成以及煤粉颗粒的运动等诸多因素相关，但煤灰和烟气的组成为最主要的影响因素，这直接取决于煤的组成。煤中主要的腐蚀性杂质有硫、钠、钾、氯及其化合物，同时含有在燃烧过程中产生灰的不可燃烧的矿物质部分随燃烧气体成为飞灰，沉积在稍冷一些的部件如炉壁和过热器/再热器上，含有硫、钠、钾和氯等燃烧产物的积灰对这些金属部件有很大的腐蚀性。

6.2 P92 钢的热腐蚀试验方案

6.2.1 热腐蚀试样的制备

将 P92 铁素体不锈钢制成规格为 20mm × 10mm × 5mm 的试样。加工好的试样依次用 200 号、400 号、600 号 SiC 砂纸进行打磨，然后用游标卡尺测量试样尺寸，计算试样表面积。按照实验工艺的不同将每个试样及试验用坩埚进行编号，并使坩埚与试样编号一一对应。在热腐蚀实验之前对坩埚进行预处理：先用水洗净坩埚，再用无水乙醇去除油污。再将坩埚放入炉中随温升至 700℃，保温 5~8h，取出后干燥处理，待冷却至室温后称重，称重后再进行第二次升温，冷却，称重。重复上述操作直至坩埚质量偏差小于 0.00003g。

6.2.2 热腐蚀试验

所用腐蚀剂为 Na_2SO_4 和 NaCl，腐蚀剂配比分别是 1:1，1:2。实验温度为 600℃，650℃。采用浸蚀法对热腐蚀试样进行涂盐。首先，将试样放入经过预处理的坩埚中，加热到 220℃，保温 2h 后取出。随后，把试样浸入到不同配比的腐蚀剂中，保持 0.5min 后取出放回到对应的坩埚中。最后，将装有试样的坩埚放入 650℃ 和 600℃ 的热处理炉中保温，每隔 24h 后取出冷却后烘干，本试验采用不连续称重法称重，称重后放回炉中继续保温，周期性循环操作，保温总时间为 120h。

6.3 P92 钢的高温热腐蚀动力学曲线

图 6-3 表示 P92 钢在不同腐蚀剂、不同腐蚀温度下的动力学曲线。

从图 6-3 中可以看出，P92 钢在前 48h 腐蚀速率较快，48h 之后速率逐渐减慢，趋于抛物线状。这是因为腐蚀开始阶段，基体最外层所形成的氧化膜较薄，盐离子通过氧化膜扩散十分迅速，在氧化膜-气相界面与金属建立了平衡；随着腐蚀时间的进行，氧化膜逐渐增厚，导致膜中金属的活度梯度的降低，继而引起离子通量和反应速率的降低，从而使动力学曲线形似抛物线[1]。经计算，600℃腐蚀剂配比是 1:1 条件下，平均腐蚀速率为 5.326mg/(cm² · d)，600℃腐蚀剂配比是 1:2 条件下，平均腐蚀速率为 5.440mg/(cm² · d)。650℃腐蚀剂配比是 1:1 条件下，平均腐蚀速率为 5.548mg/(cm² · d)，650℃腐蚀剂配比是 1:2 条件下，平均腐蚀速率为 6.548mg/(cm² · d)。

从图 6-3 可看出，腐蚀速率随着腐蚀剂中 NaCl 浓度的升高而逐渐增大，原因是反应初期，氯离子与金属基体反应生成金属氯化物。由于金属氯化物的挥发

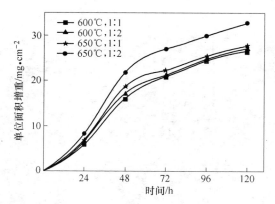

图 6-3 P92 钢不同条件的热腐蚀动力学曲线

性极强，在挥发过程中将再与外界气氛反应形成金属氧化物，且反应后期氧化物经过积累，变得较厚且致密。Cl_2 将被局限在氧化层与基材之间，此时 Cl_2 再朝浓度梯度较低的基体内部侵蚀，如此持续地发生氯化及再氧化反应，直至氧被消耗到无法反应为止。

同时可以看出，650℃的腐蚀速率明显高于600℃，因为热腐蚀过程的实质也是金属不断氧化的过程[2]，在此过程中，要借助于原子的扩散进行，温度升高过程中有助于加速氯离子向基体扩散，导致了腐蚀速率的加快。此外，650℃的腐蚀动力学曲线与600℃的腐蚀动力学曲线变化趋势相近，随着时间的延长，腐蚀速率先增加，后降低，而后趋于稳定。

6.4 P92 钢的热腐蚀形貌

6.4.1 宏观形貌

从宏观形貌可以看出，在温度、腐蚀剂比例恒定的情况下，随着腐蚀时间的延长，腐蚀产物表面越来越黑，表面有部分脱落现象；当腐蚀剂、时间恒定时，随着温度的升高，腐蚀产物越来越厚，试样表面变黑严重；同理，当温度、时间一定时，随着腐蚀剂浓度的增加，表面腐蚀程度不断加重，如图 6-4 所示。

P92 钢经48h热腐蚀后，表面颜色为黄绿色，氧化皮较少，出现有氧化皮脱落的现象；经96h热腐蚀后，表面出现了白色和褐色的固态颗粒；经120h热腐蚀后，表面氧化膜以层片状开始脱落，脱落面积较大。对比可知，随着时间的延长，氧化皮厚度增加，有不同程度的脱落现象。这说明，腐蚀是由于盐离子扩散到了基体中，使基体中的 Fe 形成了 Fe 的氯化物和硫酸盐，因而表面出现了黄绿色，随着腐蚀时间的增加，基体中的 Cl^- 向外扩散，形成了少量白色的氯化盐颗粒，并残留在了基体表面上，最后，基体表面的 Fe 的氯化物和硫酸盐转化为褐色的 Fe 的氧化物。

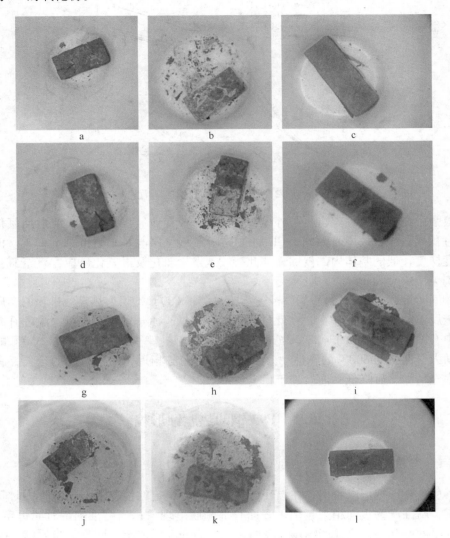

图 6 - 4　P92 钢在不同工艺条件下腐蚀后的宏观形貌

a—600℃，1∶1，48h；b—600℃，1∶1，96h；c—600℃，1∶1，120h；
d—600℃，1∶2，48h；e—600℃，1∶2，96h；f—600℃，1∶2，120h；
g—650℃，1∶1，48h；h—650℃，1∶1，96h；i—650℃，1∶1，120h；
j—650℃，1∶2，48h；k—650℃，1∶2，96h；l—650℃，1∶2，120h

6.4.2　微观形貌

图 6 - 5 是 P92 钢在 650℃腐蚀剂配比为 1∶1 时腐蚀 120h 的微观形貌图。图

中由上至下依次是镶嵌料、腐蚀层和钢基体。黑色镶嵌料与钢基体间有一层深褐色组织，判断为腐蚀层。由图可以看出，在试样的不同部位，腐蚀层的厚度不同，最浅处厚度约为 20μm，最深处厚度约为 40μm。同时可以看出，腐蚀层分为内外两层[3]。腐蚀层中有疏松、裂纹产生。因为在材料被腐蚀过程中，随着氧化膜的快速生长、增厚，便累积了生长应力[4]，当应力达到临界值，便会产生氧化层与基体之间的裂缝（图 6-5b），裂缝平行于试样表面的方向，阻隔了金属阳离子从基体向氧化层的扩散，进而限制了后期的氧化增重。锅炉管壁内的氧化膜在流体的扰动和冲击下，存在裂缝的氧化膜就易发生剥落。

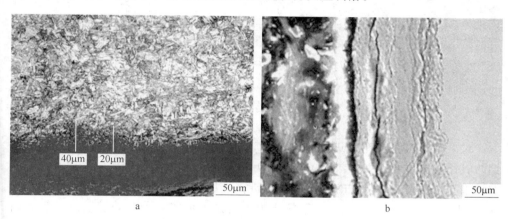

图 6-5　P92 钢在 650℃、1:1 腐蚀剂中腐蚀 120h 后的微观形貌

a—OM；b—SEM

6.5　P92 钢热腐蚀层中元素的扩散

P92 钢经过 120h 热腐蚀后，其横截面的形貌及 EDS 元素分布如图 6-6 所示。由图可以明显看出，腐蚀层呈现出明显的双层结构，P92 钢在其他条件下的腐蚀形貌也都大致相同，都属于内外双层的结构，只是工艺条件不同导致腐蚀层的厚度不同而已。对横截面形貌图进行由左向右的 EDS 分析，即按照镶嵌料—外层氧化膜—内层氧化膜—基体的顺序进行 EDS。由图 6-6 可以看出，氧化膜的 Fe 含量在 80~90μm 处逐渐降低，在 100~110μm 处逐渐升高，这说明外层氧化膜富 Fe。Cr 含量在 90~100μm 处较高，在 100~110μm 处逐渐降低，这说明内层氧化膜富 Cr。O 含量从约 100μm 处逐渐降低，这说明两层氧化膜都含有 O 元素。由此可得，腐蚀层中的氧化膜可能是 Fe、Cr 化合物，或可能是 Fe、Cr、O 化合物，也可能是以上两种化合物的混合物。

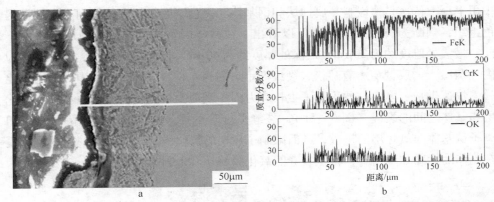

图 6-6 P92 钢在 650℃、腐蚀剂配比是 1∶1 腐蚀 120h 后的微观形貌（SEM）及能谱图

a—微观形貌；b—能谱图

6.6 P92 钢热腐蚀产物物相分析

对 P92 钢热腐蚀产物进行物相分析，如图 6-7 所示。由图可以看出，P92 钢的氧化皮中主要有 FeO，Fe_2O_3，Fe_3O_4 和 $FeCr_2O_4$ 四种物质，这与文献[5]中的结果基本一致。结合铁的氧化产物分析，外层氧化膜为 Fe_2O_3，内层氧化膜为 Fe_3O_4 和 $FeCr_2O_4$ 的混合物。由于氧化膜主要是由金属离子向外扩散以及氧向内扩散所形成的[6]，腐蚀层形成的顺序为：Cr^- 由基体向外运输，先与 O 形成了 Cr_2O_3，再与最内层的 FeO 固溶形成了 $FeCr_2O_4$，为尖晶石结构，其良好的保护性可以阻碍金属和氧的向内扩散，从而降低腐蚀速率；此外，Fe_3O_4 为疏松多孔结构[7]，它的保护性不良，它的多孔洞结构成为了金属离子和 O 离子扩散的通道，从而加速了氧化。研究表明[8]，过热器及再热器管道氧化皮的最外层通常是 Fe_2O_3，它的结构致密，厚度较薄，能使材料热腐蚀性能提高。

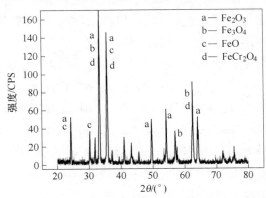

图 6-7 P92 钢在 650℃、1∶1 腐蚀剂中腐蚀 120h 后的产物物相分析（XRD）

6.7 腐蚀时间对 P92 钢热腐蚀性的影响

6.7.1 腐蚀时间对腐蚀层厚度的影响

P92 钢在腐蚀温度为 650℃、腐蚀剂比例为 1:2 腐蚀不同时间的显微组织如图 6-8 所示。由上到下依次为基体—腐蚀层—镶嵌料。由图可以看出，上方颜色较浅的是 P92 钢基体，是经过 1050℃淬火 +760℃回火得到的回火托氏体组织，下方黑色为镶嵌料，在基体与镶嵌料之间形成了一层深褐色组织，为热腐蚀层。48h 腐蚀后腐蚀层厚度为 15~25μm，96h 为 30~60μm，120h 为 35~65μm。可以得出，腐蚀层厚度是随着时间的延长而逐渐增加。同样，当其他腐蚀工艺条件一定时，随着腐蚀时间的延长，P92 钢的热腐蚀层厚度变化也遵循此规律。

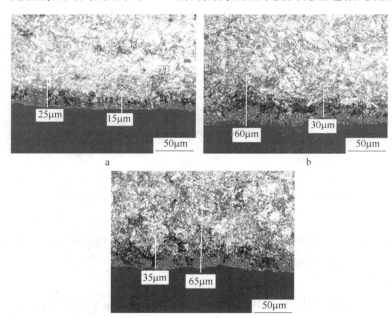

图 6-8 P92 钢在 650℃、腐蚀剂比例为 1:2 时腐蚀不同时间的显微组织
a—48h；b—96h；c—120h

6.7.2 腐蚀时间对腐蚀产物的影响

P92 钢在腐蚀温度为 650℃、腐蚀剂比例为 1:2 时腐蚀不同时间的热腐蚀产物如图 6-9 所示。

由图 6-9 中可以看出，在其他条件相同的情况下，在腐蚀过程中，48h 生成的腐蚀产物与 120h 生成的腐蚀产物一致。即 P92 钢在硫酸钠、氯化钠腐蚀剂

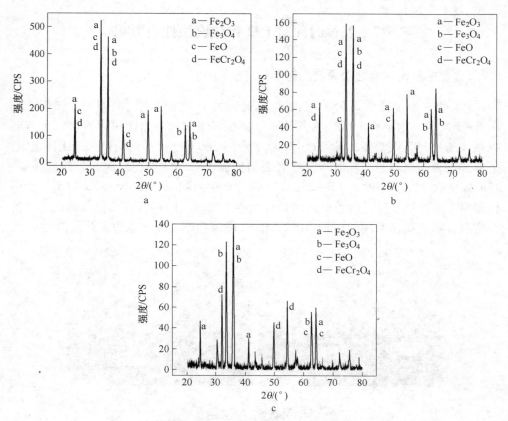

图6-9 P92钢腐蚀不同时间后腐蚀产物物相分析（XRD）

a—48h；b—96h；c—120h

作用下，腐蚀48h之后生成了内外两层氧化膜，且氧化膜的类型并不随着时间的延长而改变，只是厚度变化而已。

6.8 腐蚀剂和温度对P92钢热腐蚀性的影响

6.8.1 腐蚀剂和温度对腐蚀层厚度的影响

以腐蚀120h后的试样为例来研究温度与腐蚀剂对腐蚀层厚度的影响，如图6-10所示。

在650℃，当腐蚀剂比例为1:1时，经测定，腐蚀层厚度为20~40μm；600℃，当腐蚀剂比例为1:1，腐蚀层厚度为20~35μm；650℃，当腐蚀剂比例为1:2，腐蚀层厚度为35~65μm；600℃，当腐蚀剂比例为1:2，腐蚀层厚度为30~60μm。P92钢的热腐蚀性能与腐蚀剂配比和腐蚀温度有关。腐蚀剂中 Cl^- 浓度越

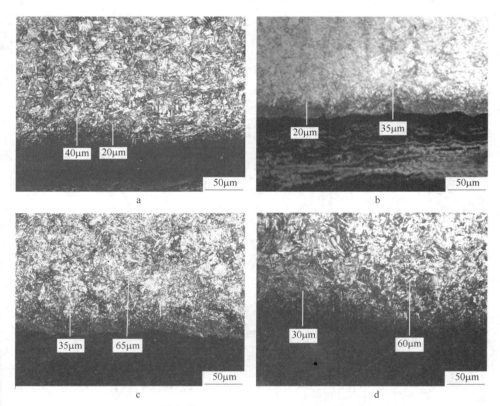

图 6 – 10 不同条件下腐蚀 120h 后 P92 钢的显微组织（OM）

a—650℃，1:1；b—600℃，1:1；c—650℃，1:2；d—600℃，1:2

大，腐蚀层越厚。温度越高，腐蚀层越厚。说明 Cl⁻ 能够穿过腐蚀层进入基体，有加速基体内部腐蚀的作用。同时，低温热腐蚀是一个氧化的过程，随着温度的升高，钢基体的 FeO 结构变得疏松，腐蚀剂中的盐离子便可穿过 FeO 向基体扩散，且扩散速度随着温度升高而加快，基体中的 Fe 先发生氯化再发生氧化，不断形成 Fe 的氧化物及 Cr 的氧化物，使腐蚀层增厚。

6.8.2 腐蚀剂和温度对腐蚀层截面形貌及元素扩散的影响

在不同腐蚀剂配比、不同温度下，P92 钢的热腐蚀微观形貌及能谱分析如图 6 – 11 所示。由图可以看出，在不同的腐蚀剂配比及腐蚀温度条件下，Fe、Cr、O 元素在腐蚀层中的变化情况。氧化膜的 Fe 含量在 90 ~ 100μm 处逐渐降低，在 100 ~ 110μm 处逐渐升高，这说明外层氧化膜富 Fe。Cr 含量在 100μm 处较高，在 100μm 处逐渐降低，这说明内层氧化膜富 Cr。O 含量从约 100μm 逐渐降低，这说明两层氧化膜都含有 O 元素。由此可得，在腐蚀过程中，不同的部位，生成的腐蚀产物不同，腐蚀产物中主要含有 Fe、Cr、O 元素，腐蚀产物是由这三种元素构成的物质。

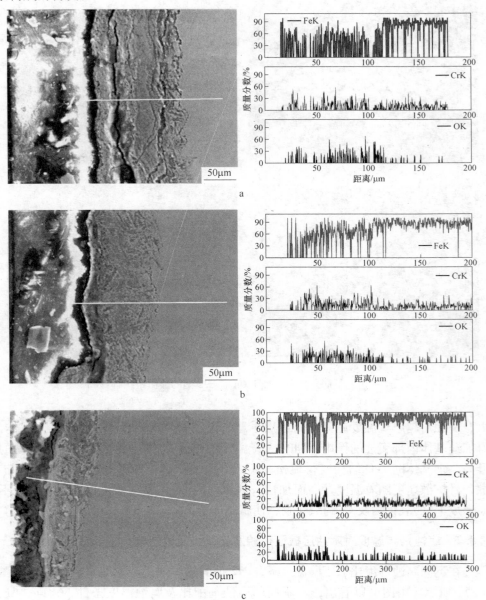

图 6-11 不同条件下 P92 钢腐蚀 120h 后的微观形貌及能谱图（SEM）

a—650℃，1:2；b—650℃，1:1；c—600℃，1:1

6.8.3 腐蚀剂和温度对腐蚀层物相的影响

由图 6-12 可以看出，当腐蚀剂配比及腐蚀时间相同时，600℃与650℃会生成相同的腐蚀产物；同理，当温度与腐蚀时间相同的情况下，不同的腐蚀剂配比得到的腐蚀产物也是相同的。

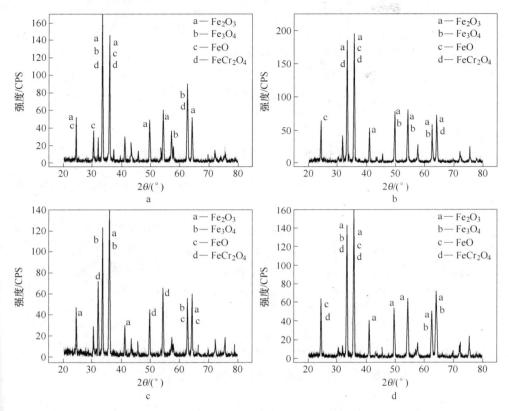

图 6 - 12   不同条件下 P92 钢腐蚀 120h 后腐蚀产物物相分析（XRD）
a—650℃，1:1；b—600℃，1:1；c—650℃，1:2；d—600℃，1:2

P92 钢的氧化皮中主要有 Fe_2O_3、Fe_3O_4 和 $FeCr_2O_4$ 三种物质。结合图 6 - 11 中横截面氧化膜元素分布，确定外层氧化膜为 Fe_2O_3，内层氧化膜可能为 Fe_3O_4 和 $FeCr_2O_4$ 的混合物。

P92 钢热腐蚀实验中，根据氧化皮的形貌及腐蚀动力学曲线，可以对腐蚀过程中氧化膜的形成结构进行分析。氧化膜主要为两层结构，如图 6 - 13 所示。内层由 FeO 与 Cr_2O_3 结合而成尖晶石（$FeCr_2O_4$）结构及少量疏松多孔的 Fe_3O_4；外层为致密且较薄的 Fe_2O_3。

P92 钢的低温腐蚀过程实质上也是发生氧化反应的过程，氧化过程[9]大致为：

（1）Fe 和 Cr 在 O 中发生氧化反应，形成一个 Fe/Cr 的氧化层。同时，氧化物和金属界面的氧的相对化学势降低。

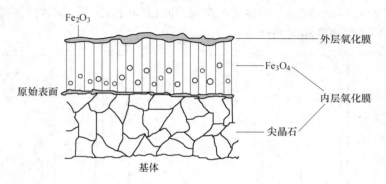

图 6 – 13 P92 钢热腐蚀过程中氧化膜结构图

（2）由于 Fe 的氧化物不稳定，导致 Fe 向外扩散，形成一个外部 Fe 氧化层，即 Fe_2O_3。

（3）内部的 Fe_3O_4 和 $FeCr_2O_4$ 又形成一个氧化层，阻止金属和 O 继续朝内部扩散。同时，W，Mo，V 等元素本身比较稳定，因此大量聚集在内氧化层。

随着氧化过程的进行，氧化产物不断增厚，内部应力会导致其剥落。氧化皮发生剥落时，对应的热应力变化临界值由式（6–5）表示：

$$\Delta T_c = \left[\frac{\gamma_F}{\xi E_{ox}(\alpha_m - \alpha_{ox})^2(1 - \nu)} \right]^{0.5} \tag{6-5}$$

式中 ΔT_c——氧化皮受应力作用发生剥落的临界温度降幅；

γ_F——界面间断裂能，取决于母材和氧化皮的性能；

ξ——氧化皮厚度；

E_{ox}——弹性模量；

α_m——金属基体的线膨胀系数；

α_{ox}——氧化皮的线膨胀系数；

ν——泊松比。

由式（6–5）可知，P92 钢氧化皮剥落受两方面因素影响：

（1）线膨胀系数。金属基体线膨胀系数越大，氧化皮的线膨胀系数越小，则两者的差值越大，氧化皮越容易剥落。

（2）炉温。炉温越高，金属基体温度与室温的差值就越大，所对应的临界温度降幅就越大，氧化皮内的氧化物之间的应力就越大，氧化皮剥落的倾向就越大。

因此，由于膨胀系数与炉温的关系，在氧化皮内存在一定的应力，从而造成在一定的腐蚀时间内氧化皮会脱落，或造成氧化皮疏松甚至产生一定的裂纹。

参 考 文 献

［1］ Neil Birks, Gerald H Meier, Frederick S Pettit. 金属高温氧化导论［M］. 2 版. 辛丽, 王文, 译. 北京: 高等教育出版社, 2010, 11, 58 ~ 59.

［2］ Gómez – Briceno D, Blázquez F A. Oxidation of austenitic and ferritic/martensitic alloys in supercritical water［J］. J. of Supercritical Fluids, 2013, 78: 103 ~ 113.

［3］ Olmedo A M, Alvarez M G, Domínguez G, et al. Corrosion behavior of T91 and type AISI403 stainless steel in supercritical water［J］. Procedia Materials Science, 2012, 1: 547 ~ 548.

［4］ 贾建民, 陈吉刚, 李志刚, 等. 18 – 8 系列粗晶不锈钢锅炉管内壁氧化皮大面积剥落防治对策［J］. 中国电力, 2008, 41 (5): 37 ~ 41.

［5］ Zhong Xiangyu, Wu Xinqiang. Effects of exposure temperature and time on corrosion behavior of a ferritic – martensitic steel P92 in aerated supercritical water［J］. Corrosion Science, 2015, 90: 519 ~ 520.

［6］ Penttilä S, Toivonen A, Li J, et al. Effect of surface modification on the corrosion resistance of austenitic stainless steel 316L in supercritical water conditions［J］. Supercritical Fluids, 2013, 81: 160 ~ 163.

［7］ Bischoff J, Motta A T, Eichfeld C, et al. Corrosion of ferritic – martensitic steels in steam and supercritical water［J］. Journal of Nuclear Materials, 2013, 441: 606 ~ 607.

［8］ 季诚, 杨平, 王英俊. 奥氏体不锈钢受热面管内壁氧化皮形成原理及检测技术［J］. 华北电力技术, 2014 (12): 67 ~ 68.

［9］ Yin K J, Qiu S Y, Tang R, et al. Corrosion behavior of ferritic/martensitic steel P92 in supercritical water［J］. Supercrit Fluids, 2009, 50 (3): 237 ~ 238.

7　P92 钢的热处理

热处理是将钢在固态下加热到预定温度，并在该温度下保持一定的时间，然后以一定的冷却速度冷却下来的热加工工艺。热处理的目的是改变钢的内部组织结构，以改善钢的性能，延长机器零件的使用寿命。热处理工艺不但可以强化金属材料、充分发掘材料性能潜力、降低结构质量、节省材料和能源，而且能够提高机械产品质量、大幅度延长机器零件的使用寿命。

恰当的热处理工艺可以消除铸、锻、焊等热加工工艺造成的各种缺陷，细化晶粒、消除偏析、降低内应力，从而使钢的组织和性能更加均匀。此外，通过热处理还可使工件表面具有抗磨损、耐腐蚀等特殊的物理化学性能。因此，生产中常常要借助热处理来改善钢的组织与性能。

P92 钢属于超超临界钢，通常情况下，P92 钢常常在 600℃ 左右的环境下服役，随着服役时间的延长，材料内部的组织结构都会发生变化，进而影响材料的性能。因此，依据 P92 钢在实际生产过程中的热处理，研究 P92 钢在不同热处理和 650℃ 长时间工作时的组织性能变化规律，对于材料在实际环境下服役寿命的提高有着重要的作用。

7.1　P92 钢的热处理特点

P92 钢在生产中常用的热处理方法有淬火、回火、退火等。

7.1.1　热处理依据

依据 P92 钢的动力学图，P92 钢的 A_{c1} 为 845℃，A_{c3} 为 945℃，M_s 点约为 400℃。因 P92 钢中含有大量的合金元素，淬透性较强，故在低于 A_{c1} 温度下冷却时，在较长的冷却时间内（8h），即较慢的冷却速度下，材料并未发生珠光体转变。

7.1.2　P92 钢的淬火

P92 钢，根据其含碳量可以确定为亚共析钢，一般选用淬火加热温度为 A_{c3} + （30~50℃）。在加热速度快的情况下，工件温差大，容易出现加热不足。另外，加热速度快，起始晶粒细，也容许采用较高加热温度。在这种情况下，淬火温度

可取 $A_{c3}+(50\sim80℃)$ [1]。同时，为了使合金元素溶入奥氏体中，更好发挥合金元素的作用，将 P92 钢的淬火温度设定为 1050℃。如果选择温度太低，会导致大量合金元素不能溶入奥氏体当中，使钢的淬透性降低。同时也会造成耗时太长，不但造成很大的能源浪费，而且增加了 P92 钢氧化和脱碳倾向，同时会有 Cr 的复杂碳化物（如 $Cr_{23}C_6$、$(Fe,Cr)_{23}C_6$ 等）沿晶界析出或造成杂质元素 P、S 的偏聚，使材料发生晶间腐蚀，对后续过程造成的影响比较大。如果温度选择太高，则在高温下晶界具有流体的性质，容易导致晶粒快速长大而造成晶粒粗化，使钢的力学性能下降。

淬火加热时间应包括工件整个截面加热到预定淬火温度，并使之在该温度下完成奥氏体形核、长大，碳化物溶解和奥氏体成分均匀化所需要的时间。因此，淬火加热时间包括升温和保温两段时间，以装炉量计算。

钢从奥氏体状态冷却至 M_s 点以下所用的冷却介质叫做淬火介质。介质冷却能力越大，钢的冷却速度越快，越容易超过钢的临界淬火速度，则工件越容易淬硬，淬硬层的深度越深。但是，冷却速度过大将产生巨大的淬火应力，易于使工件产生变化或开裂。

从热处理工艺性能考虑，对于形状复杂、要求变形很小的工件，如果钢的淬透性较高，可以在较缓慢的冷却介质中淬火。如果钢的淬透性很高，甚至可以在空气中冷却淬火，淬火变形更小。根据 P92 钢的形状尺寸，可以选择不同的淬火介质。在实际生产中，当壁厚大于 75mm 时，采用水淬；当壁厚小于 75mm 时，选择在空气中进行淬火。

7.1.3 P92 钢的回火

钢经淬火获得的马氏体组织不能直接使用，需要进行回火，以降低脆性，提高塑性和韧性，获得强韧性的配合后才能实际使用。其原因为：首先，一般情况下，马氏体是在较快的冷速下获得的非平衡组织，在马氏体状态下，系统处于较高的能量状态，使系统的不稳定性增加；其次，淬火组织中一般存在残余奥氏体，在室温下，奥氏体是不稳定的，在某些情况下，会向稳定态转变；第三，马氏体转变后存在很大的残余应力。因此 P92 钢淬火后必须进行回火，以尽可能地消除内应力和脆性，并调整其力学性能。

材料经过不同温度的回火后，组织性能不同。一方面，为了了解不同回火对 P92 钢组织性能的影响，故采用 200℃、400℃、760℃ 三种不同温度的回火。另一方面，P92 钢常常在 600℃ 左右服役，通常情况下，材料的最终热处理温度要高于服役温度 100℃ 以上，故 P92 钢选择 760℃ 的高温回火。钢经过淬火 + 高温回火后，具有优良的综合力学性能。可以满足机器零件使用中要求较高的强度并能承受冲击和交变负荷的作用。

7.1.4 P92 钢时效处理

P92 钢常常在 600℃左右服役，通常情况下，随着服役时间的延长，材料的组织性能会发生一系列的变化。为了了解 P92 钢在服役中的组织性能变化规律，对最终热处理状态的 P92 钢进行 650℃25h、50h、75h、150h、200h 和 250h 不同时间时效处理。以了解在实际工作中，随着工作时间的延长，P92 钢组织性能的变化规律。

7.1.5 P92 钢的退火

P92 钢在挤压或锻造后，通常在降温到 760℃进行等温退火处理，不仅是为了达到去氢的作用，避免氢致裂纹；同时达到去应力、为粗加工做准备的目的。退火工艺为将挤压或锻造后的钢温度降低到 760℃，保温一段时间，缓慢冷却到室温。

7.2 P92 钢的相变

钢经热处理后性能之所以发生如此重大的变化，是由于经过不同的加热和冷却过程，钢的内部组织结构发生了变化。因此，在正确的热处理工艺规范下，要保证热处理质量，必须了解钢在不同加热和冷却条件下的组织变化规律。

7.2.1 加热转变

P92 钢在淬火、退火或者锻造等热加工过程中，会形成奥氏体组织，P92 钢奥氏体的形成分为四个阶段，即奥氏体形核，奥氏体晶核长大，剩余渗碳体溶解，奥氏体成分相对均匀化。

在 P92 钢中，含有 C、Cr、Mo、V、Nb、W、Mn 等元素。在这些合金元素中，有强碳化物形成元素，弱碳化物形成元素、非碳化物形成元素。其中强碳化物形成元素以碳化物形式存在，加热状态下，这些碳化物质点比较稳定，不易溶解，因此奥氏体借助于这些质点以非均匀形核的方式形核。

奥氏体晶核的长大过程实际上是两个相界面向原有的铁素体和渗碳体中推移的过程。奥氏体的长大是相界面推移的结果，即奥氏体不断向渗碳体推移，使得渗碳体不断溶解；奥氏体向铁素体推移，使得铁素体不断转变为奥氏体。在随后过程中，奥氏体成分不断均匀化。

影响 P92 钢奥氏体形成速度的因素较多。如加热温度、化学成分、原始组织等。因 P92 钢中含有的合金元素较多，合金元素对奥氏体形成的速度、碳化物的溶解以及奥氏体的均匀化的影响主要表现在以下几个方面：

（1）对扩散系数的影响。强碳化物形成元素，如 Cr、V、Mo、W 等，降低碳在奥氏体中的扩散系数，因而减慢奥氏体的形成速度。非碳化物形成元素 Ni 等增大碳在奥氏体中的扩散系数，因强碳化物形成元素较多，故大大减慢了奥氏体的形成。

（2）合金元素改变临界点。合金元素改变了 P92 钢的临界点的位置，使 A_{c1} 与 A_{c3} 升高，使转变在一个温度范围进行，改变了过热度，因而影响了奥氏体的形成速度。

（3）合金元素对原始组织的影响。合金元素影响原始组织的晶粒大小，改变碳在奥氏体中的溶解度，从而影响奥氏体的形成速度。

（4）合金元素对奥氏体均匀化的影响。合金元素在奥氏体中分布不均匀，扩散系数仅仅为碳的 $1/1000 \sim 1/10000$，因而使 P92 钢的奥氏体的均匀化需要更长的时间。

故 P92 钢相对于相同含碳量的碳钢而言，由于合金元素的作用奥氏体化需要的时间要长一些。

7.2.2　珠光体转变

过冷奥氏体在 A_{r1} 温度同时析出铁素体和渗碳体或合金碳化物两相构成珠光体组织的扩散型一级相变，称为珠光体转变。

P92 钢在等温退火时，会发生珠光体转变，形成珠光体组织，珠光体形成包括形核和长大两个过程，属于扩散性相变。P92 钢在退火时，因未溶碳化物存在，成分也不均匀，具有促进珠光体形核及长大的作用，碳化物颗粒可作为形核的非自发核心，因而使转变速度加快。

奥氏体化温度不同，奥氏体晶粒大小不同，则过冷奥氏体的稳定性不一样。细小的奥氏体晶粒，单位体积内的界面积大，珠光体形核位置多，也将促进珠光体转变。

P92 钢的合金元素提高过冷奥氏体的稳定性，使 C - 曲线向右移，阻碍过冷奥氏体的共析分解。对 P92 钢而言，阻碍作用远远大于促进作用，故珠光体转变极大地被抑制。同时，合金元素使 P92 钢中珠光体的形貌发生变化，得到的珠光体并非典型的层片状组织，这种珠光体称为类珠光体。

7.2.3　马氏体转变

原子经无需扩散的集体协同位移，进行晶格改组，得到的相变产物具有严格晶体学位向关系和惯习面，极高密度位错或层错或精细孪晶等亚结构的整合组织，这种形核 - 长大的一级相变，称为马氏体相变。

P92 钢中含有大量的合金元素，这些元素极大地提高了过冷奥氏体的稳定性[2]，使马氏体转变的临界冷却速度降低，马氏体转变变得更加容易。

7.2.4　回火转变

通常情况下，钢在淬火后常常要进行回火，以提高材料的综合性能。P92 钢回火时，随着回火温度的提高和回火时间的延长，回火转变可分为五个过程：

（1）马氏体中碳的偏聚；

（2）马氏体分解；

（3）残余奥氏体的转变；

（4）碳化物的转变；

（5）碳化物的聚集长大和 α 相再结晶。

合金成分、回火温度及回火时间是影响回火转变的主要因素。P92 钢中的大部分合金元素都提高钢的抗回火能力，因此使回火转变温度提高。回火温度越高，时间越长，回火转变越彻底。

7.2.5　脱溶过程

经过固溶处理而得到的固溶体或新相大多是亚稳的，在室温保持一段时间或者加热到一定温度，过饱和相将脱溶而分解，析出沉淀相，沉淀将引起组织、性能、内应力的改变等，这种热处理工艺，称为时效。

脱溶是固溶处理的逆过程，溶质原子在固溶体点阵中的一定区域内将析出、聚集，形成新相。在脱溶过程中，随着时间的延长，合金的强度、硬度会提高，这称为时效硬化。

时效过程往往有多阶段性，各阶段的脱溶相的结构有区别，于是反映出不同的组织特征和性能。脱溶过程是一个扩散分解过程，其分解程度、脱溶相类型、弥散度、组织特征均与时效工艺密切相关。P92 钢在 600℃ 的服役环境下工作，随着工作时间的延长，会发生时效脱溶过程。且随着工作时间的延长，析出的脱溶相不同，使材料性能发生一系列变化[3]。

7.3　P92 钢淬火组织

7.3.1　光学显微组织

对 P92 钢的淬火样进行光学显微观察如图 7-1 所示。

由图 2-5 P92 钢的 CCT 曲线可知，P92 的 M_s（马氏体转变开始温度）大约在 400℃，M_f 温度（马氏体转变结束温度）在 100℃ 以上。马氏体的转变是在 $M_s \sim M_f$ 温度范围内进行的。当奥氏体过冷到 M_s 点时，便是第一批马氏体板条沿着奥氏体晶界形核并迅速向晶内长大的过程，由于长大速度极快，它们很快贯穿整个

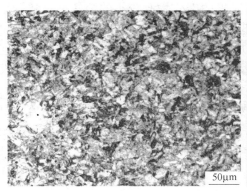

图 7 - 1　P92 淬火组织照片

a—低倍组织；b—高倍组织

奥氏体晶粒或很快彼此相碰而立即停止长大，必须降低温度，才能有新的马氏体形成。如此不断连续冷却便有一批一批的马氏体板条不断形成。随温度的降低，马氏体数量不断增加，直至温度下降到马氏体转变终了温度 M_f 点，转变结束。因 P92 为低碳钢，马氏体形貌为板条状。

马氏体转变结束后，并不能获得 100% 的马氏体，总有部分奥氏体被保留下来，这部分奥氏体被称为残余奥氏体（A′）。图 7 - 1 所示为 P92 钢中的马氏体板条和板条间的残余奥氏体。由于 P92 钢为低碳钢，其马氏体形貌为板条状，内部分布着较高密度的位错，由于马氏体的形成，体积膨胀，马氏体板条间的奥氏体受到来自周围的压应力胁迫，难以再转变为马氏体，奥氏体中的位错密度升高，也增加了转变阻力，不再转变为马氏体而残留下来。残余奥氏体难以转变为马氏体除因为热稳定化作用外，由相变引起的机械稳定化作用也是一个很重要的原因。马氏体形成对周围奥氏体的机械作用会促进热稳定化程度的发展，实际上这是一种由于相变而造成未转变奥氏体塑性变形所引起的机械稳定化作用。

在 P92 钢中由于存在大量的合金元素，这些合金元素在钢中会形成碳化物。碳化物的形成类型和合金元素的原子半径有关。常用合金元素的原子半径和碳原子半径的比值可确定碳化物的形成特点。当合金元素量较少时，溶解于其他碳化物，形成复合碳化物，即多元合金碳化物。如 Mo、W、Cr 含量少时，形成合金渗碳体（Fe，M）$_3$C；含量多时就形成了自己特殊的碳化物 $M_{23}C_6$ 型、M_2C 型等。碳化物也和固溶体一样，有些碳化物之间是可以互溶的。在绝大多数情况下，溶入较强的碳化物形成元素，可以使得碳化物的稳定性提高。反之，溶入较弱的碳化物形成元素，使碳化物的稳定性下降。

碳化物的溶解影响到热处理工艺的制定，也决定了钢在热处理后的组织与性能。碳化物的稳定性越好，在钢中的溶解度越小。P92 钢中 Cr、Mo、V 的碳化物具有较大的溶解度，Nb 等强碳化物形成元素的碳化物有较小的溶解度；随着温度的下降，各种碳化物的溶解度都会降低。当钢中合金元素量比较少时，在高温形成了高饱和度的奥氏体，在冷却过程中有较大的析出趋势；当奥氏体中存在Mn 等弱的碳化物形成元素时，则会降低奥氏体中碳活度 a_c，从而促进了稳定性较好的碳化物溶解，而非碳化物形成元素是用来提高奥氏体中的碳活度 a_c 的，它起到了阻碍碳化物溶解的作用；碳化物稳定性较差的碳化物在加热奥氏体化过程中先溶解，稳定性相对较好的碳化物后溶解。因此，P92 钢在淬火状态下的组织为马氏体 + 残余奥氏体 + 碳化物，此碳化物应为强碳化物。

7.3.2 扫描电镜组织

为了进一步了解淬火组织的细微结构，对其进行扫描电镜观察，如图 7 - 2 所示。

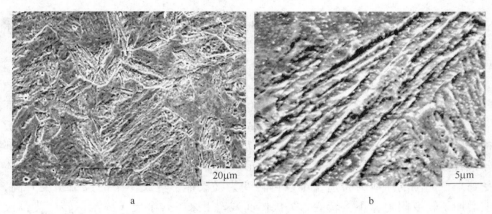

图 7 - 2 P92 钢的淬火组织（SEM）
a—低倍组织；b—高倍组织

图 7 - 2 中的组织中有大量的位向不同的板条状马氏体及少量的残余奥氏体，晶界及晶内均存在有少量第二相，且尺寸较小，这与金相组织相吻合。

7.3.3 透射电镜组织

图 7 - 3 为淬火样 TEM 组织，由图可以看出，板条状马氏体的板条界十分清晰，多个相近位向的板条集合成一个板条束，其尺寸与板条尺寸密切相关。淬火状态的马氏体也是由间隙过饱和的 α 固溶体组成的。同时发现，内部有大量的位错存在，晶界与晶内都有第二相存在，由于 P92 钢中含有较多的合金元素，淬透性较强，临界冷却速度较小。在 1050℃淬火时，合金元素大多溶入奥氏体中，部分合金元素以碳化物的形式存在，在随后进行空冷至室温的过程中，由于冷却速度已超过 P92 钢临界冷却速度，发生马氏体相变，同时在冷却过程中产生少量的

析出物，最终得到的组织为马氏体+残余奥氏体+析出物+未溶相。

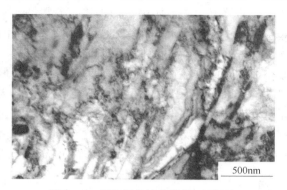

图 7-3　P92 钢的淬火组织（TEM）

7.4　P92 钢回火组织

7.4.1　低温回火组织

图 7-4 为 P92 钢在经过 1050℃淬火后再进行 200℃低温回火的组织图。由图可知，P92 钢在 200℃低温回火下得到的组织为回火马氏体，能清晰地看到马氏体的板条特征。

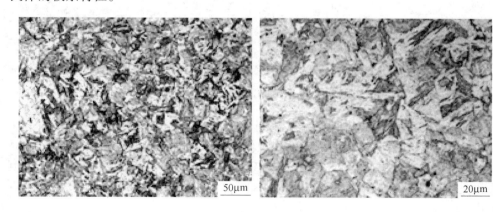

图 7-4　P92 钢 200℃低温回火组织（OM）

P92 经过淬火组织为马氏体和残余奥氏体，并且钢中的内应力很大。马氏体和残余奥氏体在室温下都处于亚稳状态，马氏体处于含碳过饱和状态，残余奥氏体处于过冷状态。它们都趋于向铁素体加渗碳体的稳定状态转化。但在室温下，原子的扩散能力很低，这种转化很困难，回火则能促进组织的转化，因此，淬火钢件必须进行立即回火，以消除或减少其内应力，防止变形或开裂，并获得稳定组织和所需性能。

回火温度对马氏体的分解起决定作用。马氏体的含碳量随着回火温度的变化发生很大的变化。马氏体中的含碳量随着回火温度的升高而不断降低。在 80~100℃以下温度回火时，铁原子和合金元素难以进行扩散迁移，碳原子也只能做短距离的扩散迁移。板条马氏体存在大量位错，碳原子倾向于偏聚在位错附近的间隙位置，形成碳的偏聚区，降低马氏体的弹性畸变能。当回火温度上升到一定程度时，马氏体开始发生分解，偏聚区的碳原子将发生有序化，继而转变为碳化物从过饱和 α 固溶体中析出。随着马氏体的碳含量降低，晶格常数 c 逐渐减小，a 增大，正方度 c/a 减小。在 P92 钢中马氏体的分解可持续到 600℃。

7.4.2 中温回火组织

图 7-5 为 P92 钢 1050℃淬火后 400℃回火的组织。由图可知经过 1050℃淬火和 400℃回火后得到的组织为回火马氏体。

图 7-5 P92 钢 400℃中温回火组织（OM）

当淬火后的 P92 钢的回火温度达到 400℃的时候，因其回火抗力较强，在 400℃回火时马氏体并未完全分解，组织仍然为回火马氏体。

钢淬火后总是多少存在一些残余奥氏体。残余奥氏体随淬火加热时奥氏体中碳和合金元素的含量增加而增多。在回火过程中，残余奥氏体要发生分解，向稳定状态转变。

7.4.3 高温回火组织

图 7-6 为 P92 钢经过 1050℃淬火然后 760℃高温回火后的组织。由图可知经过高温回火后 P92 钢的组织为回火托氏体。

当 P92 钢经淬火后回火温度达到 760℃的时候，由于马氏体分解、残余奥氏体分解、碳化物转变已基本完成。α 相回复也已发生回复过程但再结晶尚未完全

图 7 - 6　P92 钢 760℃高温回火组织（OM）

进行，这时淬火钢的内应力基本消除。在这个过程中，P92 钢得到的回复 α 相和粗粒状渗碳体的机械混合物叫做回火托氏体。在光学显微镜下能够明显地分辨出颗粒状的渗碳体。由于 P92 钢中的合金元素多，抗回火能力增强，使得 P92 钢在 760℃回火得到的组织为回火托氏体。

　　由于 P92 钢中的合金元素较多，回火稳定性较强。因此 P92 钢在 760℃回火时回火转变并未彻底完成，其中，α 相的再结晶并未充分进行，只发生 α 相的回复过程。板条状马氏体的回复过程主要是 α 相中位错胞和胞内位错逐渐消失，使晶体的位错密度减小。同时析出相在原奥氏体晶界、马氏体板条界和亚晶界处析出，回火温度越高，析出相数量越多，并在晶界上呈长大趋势。

7.5　P92 钢的退火组织

　　P92 钢经过 1050℃加热，并且随炉冷却到 760℃进行等温退火，得到的组织如图 7 - 7 所示。

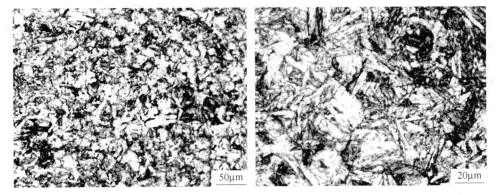

图 7 - 7　P92 钢 760℃等温退火组织（OM）

由图 2-5 P92 钢的 CCT 曲线可知，由于 P92 钢中有多种合金元素加入，其 C 曲线大大右移。试验中 P92 钢在炉冷及保温过程中，因保温时间短，有极少量的珠光体生成，珠光体转变没有彻底完成，剩余的过冷奥氏体在随后的冷却过程中转变为马氏体 + 残余奥氏体。马氏体的转变具有不彻底性，组织中会产生残余奥氏体。由于合金元素的作用，在退火缓慢冷却过程中，会有大量的析出物析出。因此，P92 钢等温退火后的组织为马氏体 + 类珠光体 + 残余奥氏体 + 未溶相 + 析出物。

7.6 P92 钢不同热处理状态下的硬度

表 7-1 为 P92 钢在不同热处理状态下的硬度。由表可知，P92 钢在不同的热处理下，硬度不同，其中淬火和等温退火后的硬度相差不大，由于 P92 钢的等温退火、淬火得到的大部分组织都是马氏体，当奥氏体转变为马氏体时有多种强化方式，使马氏体具有高的强度和硬度。但等温退火有类珠光体组织产生，珠光体硬度小于马氏体硬度，故退火后的平均硬度小于淬火的平均硬度。

表 7-1 P92 钢在不同热处理状态下的硬度

项　目	1050℃ 淬火	760℃ 等温退火	200℃ 低温回火	400℃ 中温回火	760℃ 高温回火
	34	31.5	30.5	27.1	25.4
	37	33	31	26.5	26
洛氏硬度 HRC	37.5	34	32	26	24
	37.1	33	30	28	24
	38	31.2	31	27	23.9
硬度平均值	36.72	32.54	30.9	26.92	24.66

相比于淬火后的 P92 钢硬度，回火后的 P92 钢硬度下降，由表 7-1 可知，随着回火温度的升高，P92 钢的硬度不断降低。这与回火软化过程密切相关。回火过程越彻底，软化程度越大，硬度的降低就越大。在 200℃ 回火得到的组织为回火马氏体，其硬度与淬火马氏体相差不大，但由于组织中位错亚结构密度降低，硬度比淬火略有降低。当回火温度达到 400℃ 的时候，得到的组织仍为回火马氏体，但内部位错密度会进一步降低。当回火温度达到 760℃ 的时候，得到的组织为回火托氏体，其硬度相对于 400℃ 中温回火的硬度略有下降。

7.7 P92 钢在淬火及 650℃ 时效不同时间的组织及硬度

7.7.1 光学显微组织

图 7-8 为 P92 钢在 650℃ 下时效不同时间的组织。不同条件下得到的组织均

为回火托氏体，650℃ 时效过程实质相当于对钢进行了回火。钢在回火过程中发生的转变主要是马氏体的分解、残余奥氏体的转变、碳化物的析出及聚集长大、α 相的回复再结晶、内应力的消除等过程。因 P92 钢合金元素较多，抗回火能力较强，在 650℃ 回火时回火转变并没有彻底进行，因此得到回火托氏体组织。

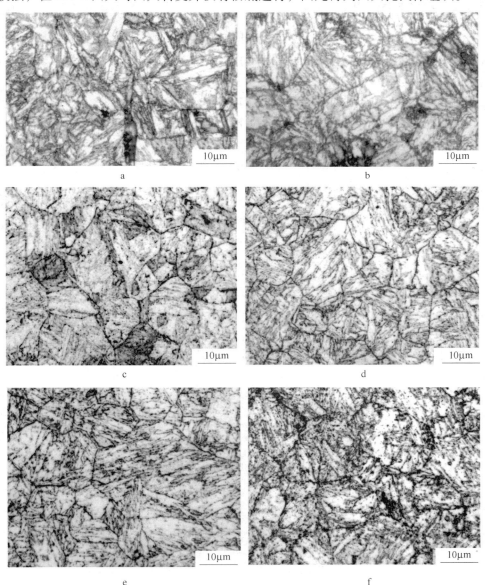

图 7-8　P92 在 650℃ 下时效不同时间的组织（OM）

a—时效 25h；b—时效 75h；c—时效 125h；
d—时效 150h；e—时效 200h；f—时效 250h

由组织中可清晰看出在原奥氏体晶界、马氏体板条界以及马氏体板条内均存在第二相颗粒析出。随着时效时间的增加，组织的回复程度逐渐增大，第二相含量也不断增加。

7.7.2 扫描电镜组织

图 7-9 为 P92 钢在 650℃下时效不同时间处理后组织。对比而言，回火态析出物较淬火样明显增多，且按时效时间的增加有递增的趋势，析出位置多见于晶界和板条界处。

由图 7-9 可以看出，经过不同时间的时效，板条特征依旧清晰，随着时效时间的延长，马氏体、残余奥氏体已全部发生分解。析出物的数量不断增加，部分析出物的尺寸随着时效时间增大而增大。当时效时间达到 150h 时，在原奥氏体晶界处及晶内分布着数量较多、尺寸较大的析出相，如图 7-9c 所示。

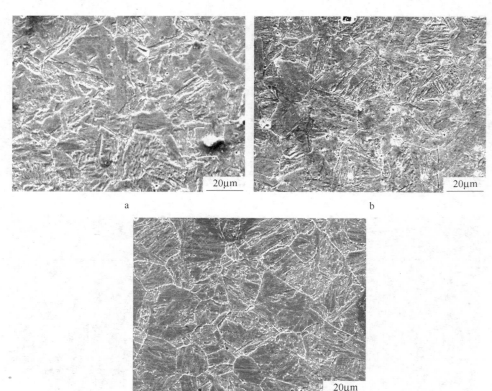

图 7-9 P92 在 650℃下时效不同时间的组织（SEM）

a—时效 25h；b—时效 125h；c—时效 150h

7.7.3　透射电镜组织

图 7 – 10 所示为 P92 钢淬火及不同时效时间的透射电镜形貌。其中图 7 – 10a 为淬火态的组织，由图可知，板条状马氏体的板条界十分清晰，晶界或晶内存在少量第二相。P92 钢中含有较多的合金元素，淬透性较强，临界冷却速度较小。淬火温度为1050℃，合金元素大多溶入奥氏体中，只有少数较稳定碳化物未能溶解从而形成未溶物；其次，在空冷过程中也会有少量碳化物析出。淬火时，冷却速度已超过 P92 钢临界冷却速度，发生马氏体相变，最终得到的组织为马氏体 + 残余奥氏体 + 未溶相 + 析出相，马氏体内部有大量的位错存在。经过75h时效后的组织与淬火态组织相比，析出物增多，在板条界可观察到明显的析出物，如图 7 – 10b 所示，板条内存在少许粒状析出物，尺寸在 10 ~ 30nm。时效 150h 后析出物数量及尺寸较 75h 显著增加，经测定，较小析出物尺寸约为 40nm，析出物较大时，直径甚至达到 100nm。

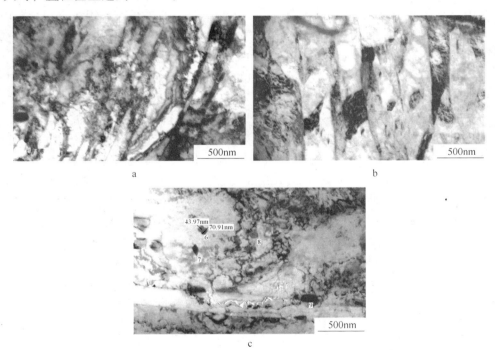

图 7 – 10　P92 钢淬火及在 650℃时效不同时间的组织（TEM）

a—淬火；b—75h；c—150h

根据文献［4］，组织中析出的第二相可能为 $M_{23}C_6$ 型碳化物、MX 型碳氮化物、Laves 相。$M_{23}C_6$ 晶体结构为面心立方结构，形状为棒状和颗粒状，主要分布在原奥氏体晶界和马氏体板条界。MX 型碳氮化物，其晶体结构为面心立方结构，形状为颗粒状，主要分布在晶内。Laves 相晶体结构为六方结构，主要含 W、Mo、Fe 和 Cr，并随着时间延长，大部分在原奥氏体晶界和马氏体板条界上析出。时效过程中随着时效时间的增加析出物增多，较长时间时效后有部分析出物长大。

7.7.4　淬火及时效不同时间的第二相分析

在时效过程中，脱溶产物不同，硬化程度不同。为了解在不同时效时间内析出物的种类，故对析出物进行分析，如图 7 - 11 所示。淬火态组织中尺寸相近的两点均为颗粒状，见图 7 - 11a、b，直径在 20nm 左右。由图 7 - 11a 中可知，该物质中除含 Fe、Cr、C 之外还含有 W、Nb、V 等强碳化物形成元素，通过 P92 钢的成分及相图分析，同时计算各元素的原子百分比，发现合金元素与碳元素的比例约为 1:1，故该点物质应为 MC 型碳化物。经查阅文献［5］知含 NbC 等 MC 型碳化物的稳定性较高，1050℃淬火温度下依然可能存在，同时在随后的空冷过程中也存在 VC 等 MC 型碳化物的析出，故此第二相粒子为未溶物或冷却过程中的析出物。图 7 - 11b 中颗粒主要由 Fe、Cr、C 组成，其中 Fe 的含量较高，依据相同的分析原理，得出此点第二相应为 $M_{23}C_6$ 型碳化物。

图 7 - 11c 所示为 75h 时效态组织中的颗粒状第二相，直径约为 12nm，对其进行能谱分析，其主要组成元素为 C、W、Cr、Mn、Fe，其应为 MC 型碳化物，由于时效温度为 650℃且时效时间较短，故第二相中固溶 Fe 与 Cr 的含量都较高。

150h 时效第二相数量及形貌较多，选取其中具有代表性的第二相进行能谱分析，如图 7 - 11d ~ f 所示，图 7 - 11d 中第二相为短棒状，尺寸约为 $\phi 20nm \times 70nm$，经能谱分析，其主要含 C、Cr、Fe、W、Mo，但 Cr、W、Mo 等合金元素含量较多，故该物质应为 $M_{23}C_6$ 型碳化物。图 7 - 11e 中的第二相为粒状，直径约为 70nm，经能谱分析，其主要含 C、Cr、Fe，该物质应为 M_3C 型碳化物。而图 7 - 11f 中第二相形貌为粗棒状并且该形貌的物质数量较多，其尺寸约为 $\phi 30nm \times 100nm$，经能谱分析，析出物中主要含有元素 C、Cr、Fe、W、Mn，其中 C 的含量极少，而 Cr、Fe、W、Mn 等为 P92 钢常见析出物 Laves 相的形成元素[6]，故其应为 Laves 相。

7.7.5　时效不同时间的硬度分析

P92 钢在 650℃时效不同时间硬度变化见图 7 - 12。0h 时效为淬火 +760℃回火后 P92 钢的硬度。在整个时效时期内，随着时效时间的延长，硬度呈逐渐下降趋势。回火样的硬度值为 24.66HRC，时效 250h 试样硬度值最小为 20.75HRC。在时效过程中，P92 钢的组织发生回复，W、Mo 等固溶强化元素脱溶形成新相或扩散到已存在的第二相颗粒中，如形成 $M_{23}C_6$、M_3C 型碳化物及 Laves 相，同时，

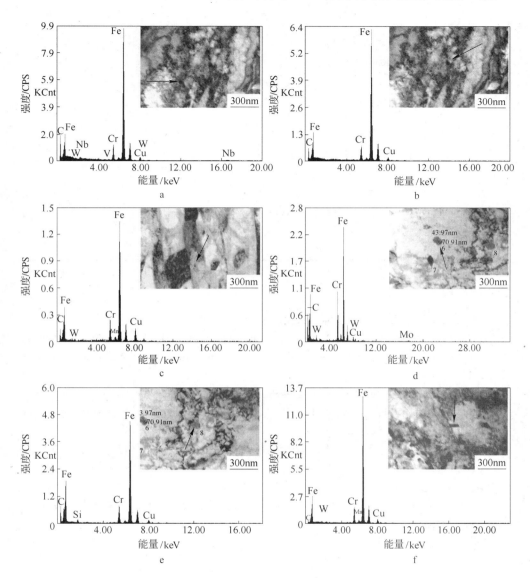

图 7-11　P92 钢 650℃ 时效不同时间第二相形貌及能谱分析

a，b—淬火；c—75h；d~f—150h

位错密度下降，马氏体板条发生多边化等。组织的变化引起各强化方式对强度硬度的贡献量不断变化，固溶强化、位错强化作用降低、沉淀强化作用增加，反映在硬度上，固溶强化、位错强化导致强度降低的程度大于沉淀强化带来的强度增加的程度。在几种强化机制的共同作用下，形成随时效时间的增加，硬度不断下降的变化趋势，但在整个时效时间内，硬度值变化不大。

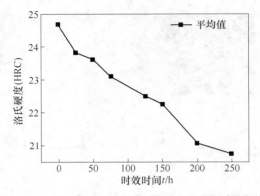

图 7 – 12　　P92 钢在 650℃时效不同时间的硬度曲线

参 考 文 献

［1］刘宗昌. 固态相变［M］. 北京：机械工业出版社，2010.

［2］Chen G H, Zhang Q, Liu J J, et al. Microstructures and mechanical properties of T92/Super304H dissimilar steel weld joints after high – temperature ageing［J］. Materials and Design, 2013，44：469～475.

［3］Jeong J, Lee C Y, Park I J, et al. Isothermal precipitation behavior of κ – carbide in the Fe – 9Mn – 6Al – 0. 15C lightweight steel with a multiphase microstructure［J］. Journal of Alloys and Compounds，2013，574：299～304.

［4］李新梅，张忠文，杜宝帅，等. P92 钢的微观组织和硬度［J］. 金属热处理，2012，5（37）：38.

［5］戴起勋. 金属材料学［M］. 北京：化学工业出版社，2005.

［6］王学，于淑敏，任遥遥. P92 钢时效的 Laves 相演化行为［J］. 金属学报，2014，10（50）：1195.